高等职业教育建筑设备类专业系列教材

建筑消防工程实训

JIANZHU XIAOFANG GONGCHENG SHIXUN

主 编 昌伟伟 张 翔

副主编 王 浩 张富荣 陈秀珍 吴海华

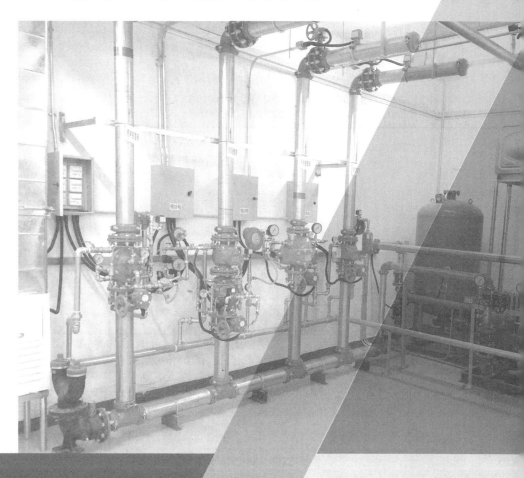

重庆大学出版社

内容提要

本书是校企合作双元开发教材,采用项目式编写。本书分为五个项目,项目一为火灾自动报警系统,介绍了火灾自动报警系统的原理、巡检、保养和检测;项目二为室内外消火栓系统,介绍了室内外消火栓系统的原理、巡检、保养和检测;项目三为自动喷水灭火系统,介绍了自动喷水灭火系统的原理、巡检、保养和检测;项目四为建筑防烟、排烟系统,介绍了建筑防烟、排烟系统的原理、巡检、操作、保养和检测;项目五为其他常见消防系统,介绍了应急照明与疏散指示系统、防火分隔、灭火器、消防电梯、消防应急广播系统与消防电话系统等消防设施设备的原理、巡检、保养和检测。

本书适合作为高等职业教育建筑设备类、安全技术与管理等专业消防技术相关课程的教材使用,也可作为行业从业人员培训和自学参考用书。

图书在版编目(CIP)数据

建筑消防工程实训/昌伟伟,张翔主编. -- 重庆:
重庆大学出版社,2023.9
高等职业教育建筑设备类专业系列教材
ISBN 978-7-5689-3883-9

Ⅰ.①建… Ⅱ.①昌… ②张… Ⅲ.①建筑物—消防
—高等职业教育—教材 Ⅳ.①TU998.1

中国国家版本馆 CIP 数据核字(2023)第 082001 号

高等职业教育建筑设备类专业系列教材
建筑消防工程实训
JIANZHU XIAOFANG GONGCHENG SHIXUN
主 编 昌伟伟 张 翔
策划编辑:林青山
责任编辑:鲁 静 版式设计:林青山
责任校对:关德强 责任印制:赵 晟

*

重庆大学出版社出版发行
出版人:陈晓阳
社址:重庆市沙坪坝区大学城西路 21 号
邮编:401331
电话:(023)88617190 88617185(中小学)
传真:(023)88617186 88617166
网址:http://www.cqup.com.cn
邮箱:fxk@cqup.com.cn(营销中心)
全国新华书店经销
重庆紫石东南印务有限公司印刷

*

开本:787mm×1092mm 1/16 印张:11 字数:275 千
2023 年 9 月第 1 版 2023 年 9 月第 1 次印刷
ISBN 978-7-5689-3883-9 定价:39.00 元

前　言

　　本书是高等职业教育建筑设备类、安全技术与管理等专业的消防设施设备操作技能实训教材。本书按照"以工作过程为导向,突出职业能力主线,以项目任务为载体"的思路编写,内容更加贴近工作的实际过程,具有可操作性。

　　本书分为五个项目,项目一为火灾自动报警系统;项目二为室内外消火栓系统;项目三为自动喷水灭火系统;项目四为建筑防烟、排烟系统;项目五为其他常见消防系统。在编写中,本书遵循"理实一体化"的原则,每个实训项目均基于消防设施操作员的工作过程——巡检、操作、保养和检测来设计。每个实训任务包含实训目标、实训内容、实训知识储备、任务书、实训技能评价标准等环节,使学生能够在操作过程中学习消防设施设备操作的专业技能,其中实训内容的选择和考核尽可能与国家职业资格目录中的消防设施操作员鉴定标准接轨,符合高等职业院校对技能型人才的培养要求。通过对本书的学习,学生能够增强对建筑消防设施设备及其相关操作的理解,具备一定的实践能力。

　　参与本书编写工作的有北京工业职业技术学院的昌伟伟、陈秀珍,北京劳动保障职业学院的张翔,深圳职业技术大学的王浩,北京交通职业技术学院的张富荣,中联正安消防工程有限公司的吴海华。其中项目一、项目二由昌伟伟编写,项目三由王浩编写,项目四由张翔编写,项目五由张富荣、陈秀珍编写,全书涉及的消防设备图片由吴海华提供。本书在编写过程中得到了中联正安消防工程有限公司的大力支持,同时参考和引用了大量工程技术专业书籍及文献资料,在此一并致谢。

　　由于编者水平有限、时间仓促,书中难免有不妥和疏漏之处,恳请读者批评指正。

编　者

目　录

项目一
火灾自动报警系统

单元1　巡检火灾自动报警系统

任务1.1　识别火灾报警控制器的工作状态

实训情境描述

火灾报警控制器有多种工作状态,根据监视与控制的不同功能来区分,火灾报警控制器主要有关机状态/开机工作状态、手动控制状态/自动控制状态、正常监视状态/报警状态等。火灾报警控制器通过音响声调、数字显示器或液晶显示器显示文字信息、点亮指示灯等方式显示当前状态的信息特征。本次实训任务基于消防设施操作员的具体工作过程,让学生学习如何根据火灾报警控制器的信息特征来识别火灾报警控制器的工作状态。

实训目标

通过教学情境,学生能掌握火灾报警控制器的各种工作状态及其判断方法,能够判断出火灾报警控制器显示的内容分别代表系统处于何种状态并如实记录。

实训内容

(1)区分火灾报警控制器在不同工作状态时的工作原理。
(2)判断火灾报警控制器的工作状态并模拟填写消防相关记录表格。

实训工器具

(1)设备:火灾报警控制器(根据实训室情况自行选择)。
(2)耗材:消防控制室值班记录表、建筑消防设施故障维修记录表、签字笔等。

实训知识储备

1) 关机状态/开机工作状态

火灾报警控制器处于正常开机状态时方可工作,其电源包含主电源和备用电源(电池)。正常情况下火灾报警控制器由主电源供电,当主电源故障或停电时,由备用电源维持火灾报警控制器的工作状态。

火灾报警控制器的关机状态是指火灾报警控制器的主电开关、备电开关均处于关闭或断电状态,此时火灾报警控制器不工作。

火灾报警控制器的开机工作状态是指火灾报警控制器的主电开关、备电开关均处于接通电源后所处的工作状态。

2) 手动控制状态/自动控制状态

根据《火灾自动报警系统设计规范》(GB 50116—2013)的规定,火灾自动报警系统应设有自动和手动两种触发装置。两种触发装置分别对应控制器的手动控制状态和自动控制状态。

火灾报警控制器的手动控制状态是指火灾报警控制器在接到火灾报警和相关设备的动作信号后,需要手动确认并进行相应操作的控制状态。

火灾报警控制器的自动控制状态是指火灾报警控制器在接到火灾报警和相关设备的动作信号后,按系统程序的设定自动启动和操作相关设备时的控制状态。

3) 正常监视状态/报警状态

根据《消防控制室通用技术要求》(GB 25506—2010)的规定,火灾报警控制器应符合下列要求:

(1)应能显示火灾探测器、火灾显示盘、手动火灾报警按钮的正常工作状态、火灾报警状态、屏蔽状态及故障状态等相关信息。

(2)应能控制火灾声光警报器的启动和停止。

火灾报警控制器的报警显示信息包括火灾报警状态、监管报警状态、故障报警状态和屏蔽状态。

火灾报警状态是指火灾报警控制器直接或间接接收到来自火灾探测器、手动火灾报警按钮等火灾报警触发器件的火灾报警信号并满足火灾报警触发条件,发出声、光报警信号时所处的状态。

监管报警状态是指火灾报警控制器发出监管报警信号时所处的状态,此时面板上的监管报警总指示灯(器)处于常亮状态。

故障报警状态是指在火灾报警控制器内部、火灾报警控制器与其连接的部件间发生故障时所处的状态。

屏蔽状态是指火灾报警控制器在屏蔽功能启动后所处的状态。

任务书

完成火灾报警控制器关机状态/开机工作状态、手动控制状态/自动控制状态、正常监视状态/报警状态、主电工作状态/备电工作状态的识别;判断火灾报警控制器处于何种状态,并填写消防控制室值班记录表、建筑消防设施故障维修记录表。

1)判断火灾报警控制器的工作状态

(1)开关机状态的判断。

火灾报警控制器的主电开关、备电开关均处于闭合通电状态,主电指示灯与控制器显示器亮起,此时可判断火灾报警控制器处于开机状态。

(2)控制状态的判断。

火灾报警控制器的控制状态是通过控制器面板上的按键与控制灯来判断的。当手动控制指示灯亮起时,说明系统处于手动控制状态;当自动控制指示灯亮起时,说明系统处于自动控制状态。

(3)监视状态的判断。

火灾报警控制器的显示器上如果显示"系统工作正常"或类似的提示信息,无火灾报警、监管报警、故障报警、屏蔽、自检等信号,此时可判断火灾报警控制器处于正常监视状态,如图1.1.1所示。

图1.1.1　火灾报警控制器显示"系统工作正常"

(4)模拟工作过程,及时发现火灾报警控制器所处报警状态。

①火灾报警状态。观察火灾报警控制器面板界面,如果其具有以下信息特征,则判断火灾报警控制器进入火灾报警状态。

a.专用火警总指示灯:点亮。

b.音响器件:发出与其他报警状态不同的报警声响,通常为消防车警报声。

c.显示器:显示火灾报警时间、部位及注释信息。当有手动火灾报警按钮报警信号输入时,还应明确指示该报警是手动火灾报警按钮报警。

②监管报警状态。观察火灾报警控制器面板界面,如果其具有以下信息特征,则判断火灾

报警控制器进入监管报警状态。

a.专用监管报警状态总指示灯:点亮。

b.音响器件:发出与火灾报警状态不同的报警声响,通常为警车警报声。

c.显示器:显示监管报警时间、部位等信息。

③故障报警状态。观察火灾报警控制器面板界面,一般其具有以下信息特征时,可判断火灾报警控制器进入故障报警状态。

a.故障总指示灯:点亮。

b.音响器件:发出与火灾报警状态不同的报警声响,通常为救护车警报声。

c.显示器:显示故障类型或部位信息。

d.电源故障类型指示灯:发生电源故障时,对应电源故障类型指示灯点亮。

④屏蔽状态。观察火灾报警控制器面板界面,如果其具有以下信息特征,则判断火灾报警控制器进入屏蔽状态。

a.专用屏蔽总指示灯:点亮。

b.显示器:显示屏蔽时间、部位等信息。

⑤多种报警状态并存的辨识。火灾报警控制器面板界面的基本按键与指示灯单元内的专用火警总指示灯(器)、专用监管报警状态总指示灯(器)、故障总指示灯(器)(或单独的系统故障指示灯)、专用屏蔽总指示灯(器)点亮且非唯一时,火灾报警控制器处于对应的多种报警状态并存的状态。

当多种报警状态并存时,火灾报警控制器显示器优先显示的信息为高等级的报警状态信息。

2)填写消防控制室值班记录表、建筑消防设施故障维修记录表

根据检查、判断和处置结果,规范填写消防控制室值班记录表;根据需要,规范填写建筑消防设施故障维修记录表。

实训技能评价标准

在实训室的火灾报警控制器上分别设置几种状态,学生通过观察能判断火灾报警控制器处于何种状态,并能准确填写消防控制室值班记录表、建筑消防设施故障维修记录表。本任务实训技能评价表见表1.1.1。

表1.1.1 火灾报警控制器工作状态判断任务评分标准

序号	内容	评分标准	配分/分	扣分/分	得分/分
1	观察火灾报警控制器的开关机状态	能观察并判断出火灾报警控制器处于何种状态	20		
2	火灾报警控制器控制状态的判断	能够判断火灾报警控制器的两种状态,每种状态占10分	20		
3	火灾报警控制器所处报警状态的判断	识别判断火灾报警控制器的三种报警状态并记录,每种状态占20分	60		

思考题

（1）查阅相关规范,明确火灾报警控制器备用电源的续航时间至少为多少。

（2）火灾报警控制器具有手动控制状态/自动控制状态,查阅相关规范,明确在一般情况下应当将其设置在何种状态。

任务1.2　自检操作火灾报警控制器

实训情境描述

根据火灾报警控制器自身具有的检查功能,可以检查火灾报警控制器的功能是否正常,进而确定火灾自动报警系统的完好性和有效性。火灾报警控制器的自检功能可通过声、光、显示器、打印机等信号输出,用以检查火灾报警控制器的工作状态。本次实训任务是基于消防设施操作员的具体工作过程,让学生学习如何对火灾报警控制器进行自检并判断其所处的状态。

实训目标

通过教学情境,学生能掌握火灾报警控制器的自检操作方法,能利用火灾报警控制器提供的自检功能,对火灾自动报警系统进行定期检查,并能准确判断系统所处的状态、及时反馈故障信息。

实训内容

（1）熟悉火灾报警控制器自检功能的操作方法。

（2）能够通过火灾报警控制器的自检功能,对系统进行自检并记录自检信息。

实训工器具

（1）设备:火灾报警控制器（根据实训室情况自行选择）。

（2）文件:火灾报警控制器说明书。

（3）耗材:消防控制室值班记录表、签字笔等。

实训知识储备

1）火灾报警控制器的自检功能

根据《火灾报警控制器》（GB 4717—2005）的规定:

（1）火灾报警控制器应能检查本机的火灾报警功能（以下称"自检"）,在执行自检功能期间,受其控制的外接设备和输出接点均不应动作。火灾报警控制器自检时间超过 1 min 或不能自动停止自检功能时,其自检功能应不影响非自检部位、探测区和本身的火灾报警功能。

（2）火灾报警控制器应能手动检查其面板所有指示灯（器）、显示器的功能。

（3）具有手动检查各部位功能或探测区火灾报警信号处理和显示功能的火灾报警控制器,其应设专用自检总指示灯（器）,只要有部位或探测区处于检查状态,该自检总指示灯（器）

均应点亮,并满足下述要求:

①火灾报警控制器应显示(或手动可查)所有处于自检状态的部位或探测区。

②每个部位或探测区均应能单独手动启动和解除自检状态。

③处于自检状态的部位或探测区不应影响其他部位或探测区的显示和输出,火灾报警控制器的所有对外控制输出接点均不应动作(检查声和/或光警报器警报功能时除外)。

2) 火灾报警控制器的操作级别

为保险与安全起见,火灾报警控制器的操作分为四级,分别为Ⅰ、Ⅱ、Ⅲ、Ⅳ级。不同的操作级别可查询的信息不同,操作方法也不同,火灾报警控制器操作级别划分详见表1.1.2。

表1.1.2 火灾报警控制器操作级别的划分

序号	操作项目	Ⅰ	Ⅱ	Ⅲ	Ⅳ
1	查询信息	O	M	M	
2	消除控制器的声信号	O	M	M	
3	消除和手动启动声和/或光警报器的声信号	P	M	M	
4	复位	P	M	M	
5	进入自检状态	P	M	M	
6	调整计时装置	P	M	M	
7	屏蔽和解除屏蔽	P	O	M	
8	输入或更改数据	P	P	M	
9	分区编程	P	P	M	
10	延时功能设置	P	P	M	
11	接通、断开或调整控制器主、备电源	P	P	M	M
12	修改或改变软、硬件	P	P	P	M

注:P—禁止本级操作;O—可选择是否由本级操作;M—可进行本级及本级以下操作。

进入Ⅱ、Ⅲ级操作功能状态应采用钥匙、操作号码,用于进入Ⅲ级操作功能状态的钥匙或操作号码可用于进入Ⅱ级操作功能状态,但用于进入Ⅱ级操作功能状态的钥匙或操作号码不能用于进入Ⅲ级操作功能状态。Ⅳ级操作功能不能仅通过控制器本身运行。

任务书

完成火灾报警控制器的自检操作,并填写消防控制室值班记录表。

1)实训准备

(1)阅读火灾报警控制器说明书。

(2)准备消防控制室值班记录表等资料。

2) 实训操作

（1）自检内容的确定。

系统提供了控制器声光显示自检、声光警报自检、手动盘/多线制控制器自检、总线设备自检共4种自检方式，管理员可以通过自检操作来判定系统各个部件是否正常。按下"自检"键后，屏幕显示如图1.1.2所示。

图1.1.2　系统自检界面

（2）自检操作。

①第一步（控制器声光显示自检）：在自检操作选择界面下按"1"键，系统将对控制器面板的指示灯、液晶显示器、扬声器进行自检，自检过程中面板指示灯全部点亮，液晶显示器上面显示的字符整屏向左平移，随后指示灯全部熄灭，之后各个指示灯再依次点亮。扬声器依次发出消防车声、救护车声、机关枪声三种声音，自检结束后系统返回如图1.1.2所示界面。

②第二步（声光警报自检）：在自检操作选择界面（图1.1.2）下按"2"键，系统将启动本机的警报器，同时屏幕显示如图1.1.3所示。

5 s后自检结束，警报器停止启动，系统返回如图1.1.2所示界面。

图1.1.3　警报器自检界面

③第三步(手动盘/多线制控制器自检):在自检操作选择界面(图1.1.2)下按"3"键,系统将对手动盘、多线制控制器自检。在手动盘自检过程中,面板的指示灯全部点亮,5 s后熄灭,随后面板上每一横排的指示灯依次点亮,最后熄灭;在多线制控制器自检过程中,面板的指示灯全部点亮,自检结束后熄灭。

④第四步(总线设备自检设置):系统提供了总线设备的报警检查功能,当总线上某个探测器被设置成自检状态时,该设备报警后屏幕显示报警信息,扬声器发出火警声音,但不触发任何的控制输出。

在自检操作选择界面(图1.1.2)下按"4"键,屏幕显示总线设备自检设置界面,如图1.1.4所示。

图1.1.4 总线设备自检设置界面

再输入设置自检的设备编号,如图1.1.4所示的"0100＊＊号 03-点型感烟",确认后,系统中所有满足条件的点型感烟探测器将被设置成自检状态。

若在进行上述几步自检操作时出现不能点亮或不能熄灭的指示灯,则其为故障部件;液晶屏像素点不完整或数码管显示缺划、打印机打印不正确、火灾报警控制器无法发出3种声音时,可判断系统处于故障状态。

3)自检记录

按照要求填写消防控制室值班记录表。

实训技能评价标准

本任务实训技能评价表见表1.1.3。

表1.1.3 火灾报警控制器自检任务评分标准

序号	内容	评分标准	配分/分	扣分/分	得分/分
1	进行"自检"操作并选择需自检的内容	能够正确操作并选择所需自检的内容	40		
2	判断自检状态	通过自检判断系统所处的状态	40		
3	记录自检信息	正确填写消防控制室值班记录表	20		

思考题

（1）火灾报警控制器自检功能的作用和目的各是什么？

（2）如何通过火灾报警控制器自检功能判断系统所处的状态？

单元 2　操作火灾自动报警系统

任务 2.1　火灾报警控制器工作状态的切换

实训情境描述

在任务 1.1 中已经介绍了火灾报警控制器的工作状态，包括关机状态/开机工作状态、手动控制状态/自动控制状态、正常监视状态/报警状态等。本次实训任务基于消防设施操作员的具体工作过程，要求学生能够操作火灾报警控制器，正确切换火灾报警控制器的各种工作状态。

实训目标

通过教学情境，学生能掌握火灾报警控制器各种工作状态的切换方法，并能够将其应用到实际工作中。

实训内容

（1）火灾报警控制器主/备电的切换操作。

（2）火灾报警控制器控制状态的切换操作。

实训工器具

（1）设备：火灾报警控制器（根据实训室情况自行选择）。

（2）文件：火灾报警控制器说明书。

（3）耗材：消防控制室值班记录表、签字笔等。

实训知识储备

1）对火灾报警控制器电源的要求

根据《火灾报警控制器》（GB 4717—2005）的规定：火灾报警控制器的电源部分应具有主电源和备用电源转换装置。当主电源断电时，系统能自动转换到备用电源；主电源恢复时，系统能自动转换到主电源；应有主、备电源工作状态指示，主电源应有过流保护措施。主、备电源的转换不应使火灾报警控制器产生误动作。

2)火灾报警控制器工作状态的切换方法

（1）主电/备电切换方法。

主电切换为备电的方法：切断主电开关→显示"主电故障"→"备电"工作状态指示灯常亮、故障灯常亮。

备电切换为主电的方法：开启主电开关→"主电故障"消失→"主电"工作状态指示灯常亮，故障灯和"备电"工作状态指示灯熄灭。

（2）自动/手动状态的切换方法。

自动切换为手动状态的方法：操作界面或转换钥匙切换→显示"手动"状态→"手动"状态指示灯常亮、"自动"状态指示灯熄灭。

手动切换为自动状态的方法：操作界面或转换钥匙切换→显示"自动"状态→"自动"状态指示灯常亮、"手动"状态指示灯熄灭。

任务书

1)火灾报警控制器主/备电的切换操作

（1）打开火灾报警控制器的后背板。用钥匙开启火灾报警控制器的机箱后背板，在机箱内部找到主电电源和主电开关、备用电源和备电开关。

（2）按开机顺序开启主电开关和备电开关。先开启主电开关，然后开启备电开关，再关闭主电开关。

（3）观察火灾报警控制器开机界面和电源工作状态指示。合上机箱后背板，完成以上操作后，系统上电进行初始化。初始化完成后进入对运行记录、屏蔽信息、联动公式、声光电源自动检查的状态；自检完毕后，控制器对外接火灾显示盘、探测器和模块进行注册，并显示注册信息。至此，开机过程结束，系统进入正常监控状态。

2)火灾报警控制器控制状态的切换操作

（1）确认火灾报警控制器工作状态。

检查并确认火灾报警控制器处于正常监视状态。如火灾报警控制器误报火警，应及时将其复位，分析原因并加以解决，避免形成虚假的联动触发信号，进而导致火灾报警控制器对现场受控设备联动控制的误动作。

（2）控制状态的切换操作。

①界面综合操作。当火灾报警控制器处于正常监视状态时，直接按下键盘区的"手动/自动"转换键，输入系统操作密码并确认，进入控制状态切换界面。再通过"手动/自动"转换键切换，将火灾报警控制器从当前的手动控制状态切换为自动控制状态（也可从当前的自动控制状态切换为手动控制状态），然后保存并退出界面，完成对火灾报警控制器控制状态的切换，如图1.2.1所示。

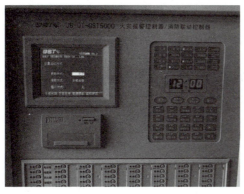

图 1.2.1 火灾报警控制器"手动/自动"转换界面

②控制状态转换钥匙的操作。新型火灾报警控制器一般在面板通用界面区设置了手动/自动状态转换钥匙、手动控制状态指示灯(器)和自动控制状态指示灯(器)。操作手动/自动状态转换钥匙,使火灾报警控制器处于手动控制状态或自动控制状态,此时对应的控制状态指示灯(器)点亮。

实训技能评价标准

本任务实训技能评价表见表 1.2.1。

表 1.2.1 火灾报警控制器工作状态切换任务评分标准

序号	内容	评分标准	配分/分	扣分/分	得分/分
1	"主/备电"切换操作	能够正确切换电源并记录信息	20		
2	通过综合界面切换工作状态	能够正确切换主、备电源以及工作状态并记录信息	30		
3	通过转换钥匙切换工作状态		30		
4	填写记录表	正确填写消防控制室值班记录表	20		

思考题

查阅相关规范,思考火灾报警控制器工作状态的切换属于几级任务,需何种指令方可操作。

任务 2.2 火灾信号输入测试

实训情境描述

火灾自动报警系统的重要功能之一是接受并处理外界输入的火灾信号,火灾报警控制器能否快速准确地接收火灾信号,是实现系统功能的重要前提。火灾信号通常包括火灾探测器输入和手动火灾报警按钮输入。本次实训任务基于消防设施操作员的具体工作过程,让学生学习如何对火灾探测器和手动火灾报警装置进行信号输入测试。

实训目标

通过教学情境,学生能掌握火灾探测器火警和故障报警的测试方法以及手动火灾报警按钮的测试方法,并能够将其应用到实际工作中。

实训内容

(1)掌握火灾探测器火警和故障报警的测试方法。

(2)手动火灾报警按钮的测试方法。

实训工器具

(1)设备:火灾报警控制器(根据实训室情况自行选择)、感烟火灾探测器、感温火灾探测器、手动火灾报警按钮。

(2)工具:试验烟枪(加烟器)、电吹风等。

(3)文件:火灾报警控制器说明书。

(4)耗材:消防控制室值班记录表、签字笔等。

实训知识储备

1)火灾探测器

目前在民用建筑中使用最为广泛的是感烟火灾探测器和感温火灾探测器。本实训主要针对点型感烟火灾探测器和点型感温火灾探测器。

(1)点型感烟火灾探测器。

点型感烟火灾探测器按照工作原理可分为光电型和离子型。

①《火灾自动报警系统设计规范》(GB 50116—2013)规定,下列场所宜选择点型感烟火灾探测器:

a.饭店、旅馆、教学楼、办公楼的厅堂、卧室、办公室、商场、列车载客车厢等。

b.计算机房、通信机房、电影或电视放映室等。

c.楼梯、走道、电梯机房、车库等。

d.书库、档案库等。

②符合下列条件之一的场所,不宜选择点型离子感烟火灾探测器:

a.相对湿度经常大于95%。

b.气流速度大于5 m/s。

c.有大量粉尘、水雾滞留。

d.可能产生腐蚀性气体。

e.在正常情况下有烟滞留。

f.产生醇类、醚类、酮类等有机物质。

③符合下列条件之一的场所,不宜选择点型光电感烟火灾探测器:

a.有大量粉尘、水雾滞留。

b. 可能产生蒸气和油雾。

c. 高海拔地区。

d. 在正常情况下有烟滞留。

（2）点型感温火灾探测器。

点型感温火灾探测器（简称"温感"）是利用热敏元件来探测火灾的火灾探测器。根据监测温度参数的不同，一般用于工业和民用建筑中的感温火灾探测器有定温式、差温式、差定温式。

《火灾自动报警系统设计规范》（GB 50116—2013）规定，符合下列条件之一的场所，宜选择点型感温火灾探测器；应根据使用场所的典型应用温度和最高应用温度，选择适当类别的感温火灾探测器：

①相对湿度经常大于95%。

②可能发生无烟火灾。

③有大量粉尘。

④吸烟室等在正常情况下有烟或蒸气滞留的场所。

⑤厨房、锅炉房、发电机房、烘干车间等不宜安装感烟火灾探测器的场所。

⑥需要联动熄灭"安全出口"标志灯的安全出口内侧。

⑦其他无人滞留且不适合安装感烟火灾探测器，但发生火灾时需要及时报警的场所。

可能产生阴燃火或发生火灾不及时报警将造成重大损失的场所，不宜选择点型感温火灾探测器；温度在0 ℃以下的场所，不宜选择定温式探测器；温度变化较大的场所，不宜选择具有差温特性的探测器。

2）手动火灾报警按钮

手动火灾报警按钮是通过手动启动器件发出火灾报警信号的装置，它是火灾自动报警系统中不可缺少的基本组件。手动火灾报警按钮动作后，其报警确认灯应点亮并保持，用以确认火情和人工发出火警信号。

《火灾自动报警系统设计规范》（GB 50116—2013）规定：

（1）火灾自动报警系统应设有自动和手动两种触发装置。

（2）每个防火分区应至少设置一只手动火灾报警按钮。从一个防火分区内的任何位置到最邻近的手动火灾报警按钮的步行距离不应大于30 m。手动火灾报警按钮宜设置在疏散通道或出入口处。列车上的手动火灾报警按钮应设置在每节车厢的出入口和中间部位。

（3）手动火灾报警按钮应设置在明显和便于操作的部位。当采用壁挂方式安装时，其底边距地高度宜为1.3～1.5 m，且应有明显的标志。

任务书

1）火灾探测器火警和故障报警的测试

（1）点型感烟火灾探测器的火灾报警功能和故障报警功能的模拟测试方法。

火灾报警功能测试方法：使用试验烟枪或感烟感温一体化试验装置向点型感烟火灾探测器施加相应浓度的烟雾，观察火灾报警控制器是否能够接收到火灾探测器的火灾信号并发出报警信号,以检查其报警功能。试验烟枪操作如图1.2.2所示。

图1.2.2　某品牌试验烟枪的操作

故障报警功能测试方法:将火灾探测器从底座上拆除,观察火灾报警控制器是否能在规定时间内发出故障报警。将火灾探测器底部对正底座以逆时针旋转,即可将火灾探测器从底座上拆除。火灾探测器结构如图1.2.3所示。

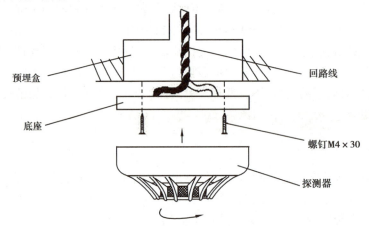

预埋盒　　　　回路线　　底座　　螺钉M4×30　　探测器

图1.2.3　火灾探测器结构示意图

点型感烟火灾探测器本身不具备故障报警功能,其故障报警功能是指探测器发生故障后火灾报警控制器具备的故障报警功能。当点型感烟火灾探测器与火灾报警控制器处于离线状态时,火灾报警控制器应在100 s内发出故障报警声光信号,记录故障报警时间,显示故障点型感烟火灾探测器的地址注释信息。

(2)点型感温火灾探测器的火灾报警功能和故障报警功能的模拟测试方法。

火灾报警功能测试方法:使用感温试验器(图1.2.4)或电吹风向点型感温火灾探测器加温,以检测探测器和火灾报警控制器的火灾报警功能。

图1.2.4　某品牌感温试验器

故障报警功能测试方法:其工作原理同感烟火灾探测器一样,主要操作方法是将探测器从底座上拆除,检测火灾报警控制器的故障报警功能。

2）手动火灾报警按钮的测试方法

（1）手动火灾报警功能测试。

手动火灾报警按钮可分为玻璃破碎型和可复位型。对玻璃破碎型手动火灾报警按钮进行测试时，使用专用钥匙插入测试插孔内，旋至测试位置即可；对可复位型手动火灾报警按钮进行测试时，直接按下手动火灾报警按钮上的启动零件。

两种手动火灾报警按钮一旦触发其报警信号，均需观察其报警确认灯的点亮情况，火灾报警控制器发出的火警声、光信号情况，火警信息记录情况，并记录报警时间。检查火灾报警控制器显示的发出报警信号的部件类型与地址注释信息是否准确。

（2）复位测试。

复位测试是当火灾报警控制器接收到手动火灾报警按钮的信号后，通过复位火灾报警按钮同时复位火灾报警控制器，使系统恢复正常监控状态的过程。

对于玻璃型手动火灾报警按钮，将测试钥匙旋至正常位置后再拔出钥匙即完成复位操作；对于可复位手动火灾报警按钮，利用专用复位工具进行复位操作。

火灾报警控制器的复位操作是手动操作火灾报警控制器的"复位"键。所有复位操作完成后，手动火灾报警按钮的报警确认灯消除常亮状态。

（3）故障报警功能测试。

使手动火灾报警按钮处于离线状态，观察火灾报警控制器的故障报警情况。测试并记录火灾报警控制器发出故障声光信号的响应时间的符合性，显示地址及注释信息的准确性和完整性；恢复手动火灾报警按钮在线状态，观察火灾报警控制器显示的对应故障信号及信息消除情况。

实训技能评价标准

本任务实训技能评价表见表1.2.2。

表1.2.2 火灾信号输入测试任务评分标准

序号	内容	评分标准	配分/分	扣分/分	得分/分
1	点型感烟火灾探测器测试	能够正确使用实验工具测试点型感烟火灾探测器	30		
2	点型感温火灾探测器测试	能够正确使用实验工具测试点型感温火灾探测器	30		
3	手动火灾报警按钮的测试	能够使用专用工具测试手动火灾报警按钮并进行复位	20		
4	填写记录表	正确填写消防控制室值班记录表	20		

思考题

（1）查询相关资料，列出除点型感烟和感温火灾探测器外的火灾探测器，并分析其工作原理。

(2)查询相关资料,分析火灾探测器与火灾报警控制器有哪几种连接方式并分析各自的优缺点。

任务2.3　火灾报警装置与消防应急广播启动测试

实训情境描述

火灾报警控制器在接收到火灾探测器或手动火灾报警按钮的信号后,通过内部逻辑判断,向火灾警报器发出控制指令,使火灾警报器发出区别于环境的声光信号。当报警系统为集中报警系统和控制中心报警系统时,还需设置消防应急广播。本次实训任务基于消防设施操作员的具体工作过程,让学生学习火灾警报器和消防应急广播的启动方式及其复位方法。

实训目标

通过教学情境,学生能掌握火灾警报器、消防应急广播系统的启动和复位方法,能够判断火灾警报器、消防应急广播系统的故障状态,并能在实际工作中灵活应用。

实训内容

(1)火灾警报器、消防应急广播系统的启动。
(2)火灾警报器、消防应急广播系统的故障判断。

实训工器具

(1)设备:火灾报警控制器(根据实训室情况自行选择)、声光火灾警报器、消防应急广播系统。
(2)耗材:消防控制室值班记录表、签字笔等。

实训知识储备

1)火灾警报器相关知识

(1)火灾警报器的分类。

火灾警报器按用途分为火灾声警报器、火灾光警报器、火灾声光警报器和气体释放警报器;按使用场所分为室内型和室外型。

(2)火灾警报器的启动方式。

按照《火灾自动报警系统设计规范》(GB 50116—2013)的规定,火灾自动报警系统应在确认火灾后启动建筑内所有火灾声光警报器。未设置消防联动控制器的火灾自动报警系统,火灾声光警报器应由火灾报警控制器控制;设置消防联动控制器的火灾自动报警系统,火灾声光警报器应由火灾报警控制器或消防联动控制器控制。

火灾报警控制器接收到满足控制逻辑的火灾报警信号时,火灾报警控制器将向火灾警报器发出启动控制信号,火灾警报器启动;也可通过火灾报警控制器上的"手动"按钮,直接启动火灾警报器。

2) 消防应急广播相关知识

按照《火灾自动报警系统设计规范》(GB 50116—2013)的规定,消防应急广播系统的联动控制信号应由消防联动控制器发出。当确认火灾后,应同时向全楼进行广播。

消防应急广播的单次语音播放时间宜为 10 ~ 30 s,应与火灾声警报器分时交替工作,可采取 1 次火灾声警报器播放、1 次或 2 次消防应急广播播放的交替工作方式循环播放。

在消防控制室应能手动或按预设控制逻辑联动控制、选择广播分区,启动或停止应急广播系统,并应能监听消防应急广播。在通过传声器进行应急广播时,应自动对广播内容进行录音。

任务书

1) 通过火灾报警控制器启动火灾警报器、消防应急广播系统

(1)通过火灾报警控制器面板界面,分别直接启动需要检查的火灾警报器和消防应急广播系统,如图 1.2.5 所示。

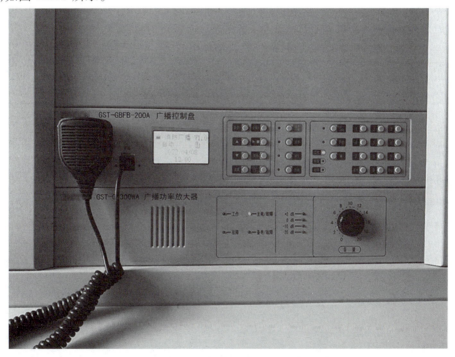

图 1.2.5　消防应急广播系统启动界面

(2)确认火灾警报器的声、光输出是否正常,动作指示灯点亮,警报器喇叭发出警报声;确认消防应急广播系统正常,发出预先录制的广播指示。火灾声警报器单次发出火灾警报的时间宜为 8 ~ 20 s,同时设有消防应急广播时,火灾声警报应与消防应急广播交替循环播放。

2) 现场确认火灾后启动火灾警报器、消防应急广播系统

(1)模拟一个感烟火灾探测器收入信号,当火灾报警控制器接收到该火灾探测器的报警信号后,应以最快的方式确认是否发生火灾。

(2)对于现场与感烟火灾探测器属同一防火分区的手动火灾报警按钮,火灾报警控制器接收到手动火灾报警信号后将控制、输出、启动火灾警报器,或操作火灾报警控制器直接启动火灾警报器。

(3)确认火灾警报器的声、光输出状态以及消防应急广播系统的输出状态。

3)填写消防控制室值班记录表

按要求填写消防控制室值班记录表。

实训技能评价标准

本任务实训技能评价表见表1.2.3。

表1.2.3　火灾报警装置启动测试任务评分标准

序号	内容	评分标准	配分/分	扣分/分	得分/分
1	通过火灾报警控制器启动相关系统	能够准确地启动系统,记录系统启动时间和相关输出信息	40		
2	通过现场确认火灾后启动火灾警报器、消防应急广播系统	能够通过一个探测器的报警信号确认着火、防火分区,准确操作手动火灾报警按钮,启动系统并记录相关信息	40		
3	填写记录表	能够准确填写消防控制室值班记录表	20		

思考题

(1)查阅相关规范,确认火灾声警报器的最低声音强度。

(2)查阅相关规范,说明当建筑同时设置火灾警报和消防应急广播时,其播放顺序和要求是什么。

单元3　保养火灾自动报警系统

任务3.1　常见火灾触发器件与火灾警报装置的保养

实训情境描述

建筑消防系统的保养是消防设施操作员的重要工作职责之一。在日常运行过程中,环境、人为、设备老化等因素常常造成系统故障,消防设施操作员需定期对消防设备进行保养。本次实训任务基于消防设施操作员的具体工作过程,让学生学习火灾触发器件与火灾警报装置的保养方法。

实训目标

通过教学情境,学生能掌握火灾触发器件与火灾警报装置日常保养的方法及注意事项,能够在实际工作中应用。

实训内容

(1)火灾探测器、手动火灾报警按钮的日常保养。
(2)火灾警报装置的日常保养。

实训工器具

(1)设备:火灾报警控制器(根据实训室情况自行选择)、火灾探测器、手动火灾报警按钮、火灾警报装置、消防应急广播系统。
(2)文件:火灾报警控制器说明书。
(3)耗材:建筑消防设施维护保养记录表、签字笔等。

实训知识储备

点型感烟火灾探测器、点型感温火灾探测器、手动火灾报警按钮和火灾警报装置是火灾自动报警系统的主要构成组件,其检查要求和保养方法见表1.3.1。

表1.3.1　火灾触发器件与火灾警报装置的检查与保养

保养对象	检查要求	保养方法
点型感烟火灾探测器	(1)每季度检查点型感烟火灾探测器的工作状态是否正常 (2)点型感烟火灾探测器应有10%(但不少于50只)的备品	(1)重新紧固设备连接松动的端子,更换有锈蚀痕迹的螺丝、端子垫片等接线部件,去除有锈蚀痕迹的导线端,搪锡后重新连接 (2)点型感烟火灾探测器投入运行两年后,应每隔三年至少全部清洗一遍,使用环境较差的火灾探测器应每年清洗 (3)在清洗点型感烟火灾探测器时应采用专业工业设备清洗传感部件及线路板,清洗后应标定探测器的响应阈值,响应阈值应在生产企业或出厂检验标定的响应阈值范围内 (4)点型感烟火灾探测器在清洗后应做必要的功能试验,合格者方可继续使用
点型感温火灾探测器	(1)每季度检查点型感温火灾探测器的工作状态是否正常 (2)点型感温火灾探测器应有10只备品	(1)重新紧固设备连接松动的端子,更换有锈蚀痕迹的螺丝、端子垫片等接线部件,去除有锈蚀痕迹的导线端,搪锡后重新连接 (2)点型感温火灾探测器投入运行两年后,应每隔三年至少全部清洗一遍,使用环境较差的火灾探测器应每年清洗 (3)在清洗点型感温火灾探测器时应采用专业工业设备清洗传感部件及线路板,清洗后应标定探测器的响应阈值,响应阈值应在生产企业或出厂检验标定的响应阈值范围内 (4)点型感温火灾探测器在清洗后应做必要的功能试验,合格者方可继续使用

续表

保养对象	检查要求	保养方法
手动火灾报警按钮	(1)每季度检查手动部件按钮的工作状态是否正常 (2)每季度检查手动部件按钮的报警触点及机械报警部件的功能	(1)重新紧固设备连接松动的端子,更换有锈蚀痕迹的螺丝、端子垫片等接线部件,去除有锈蚀痕迹的导线端,搪锡后重新连接 (2)消除部件故障,确保设备操作灵活、功能正常
火灾警报装置	每季度检查声光报警类设备的工作状态是否正常	(1)对设备连接松动的端子重新紧固连接,更换有锈蚀痕迹的螺丝、端子垫片等接线部件,去除有锈蚀痕迹的导线端,搪锡后重新连接 (2)采用专用清洁工具或软布以及合适的清洁剂清洗声光报警类设备的表面污渍

任务书

1)点型感烟火灾探测器、点型感温火灾探测器的保养

(1)运行环境的检查与保养。

检查点型感烟和感温火灾探测器周围是否有影响探测器运行的遮挡物、发热物,若有则应移除。检查周围环境是否有漏水情况,如漏水应及时处理。

(2)设备外观的检查与保养。

对火灾探测器进行外观检查,检查火灾探测器表面是否有污渍、划痕、磨损。如破损严重,应对探测器进行更换。

(3)接线端子与接线的检查与保养。

打开火灾探测器外壳,检查接线端子及接线,接线端子如有松动应用旋具拧紧,接线端子如有锈蚀痕迹应予以更换。接线如有锈蚀痕迹,应剪掉锈蚀的部分,搪锡后重新连接。

(4)火灾报警功能测试。

①用实验发烟装置测试点型感烟火灾探测器,探测器报警指示灯应能长亮,并将火警信息传到火灾报警控制器上。测试后,探测器的指示灯恢复闪亮状态。

②用加温装置测试点型感温火灾探测器,探测器报警指示灯应能长亮,并将火警信息传到火灾报警控制器上。测试后,探测器的指示灯恢复闪亮状态。

(5)清洁与恢复。

对火灾探测器表面进行清洁,用清洁设备清除设备表面的浮尘,用软布擦拭设备表面的污垢。保养后,将探测器恢复至正常工作状态。

2)手动火灾报警按钮的保养

(1)运行环境的检查与保养。

检查手动火灾报警按钮周围是否有影响按钮正常运行的遮挡物,如果有,应移除。检查周围环境是否有漏水情况,如漏水应及时处理。

（2）设备外观的检查与保养。

检查按钮表面是否有污渍、划痕、磨损，如破损严重，应更换手动火灾报警按钮。

（3）接线端子与接线的检查、保养。

检查接线端子及接线，接线端子如有松动应用旋具拧紧，接线端子如有锈蚀痕迹应予以更换；接线如有锈蚀痕迹，应剪掉锈蚀部分，搪锡后重新连接。

（4）火灾报警功能测试。

按下手动火灾报警按钮，按钮的火警指示灯应常亮，并将火警信息上传到火灾报警控制器上。测试后用复位钥匙复位手动火灾报警按钮，按钮的火警指示灯恢复闪亮。

（5）清洁与恢复。

对手动火灾报警按钮表面进行清洁，用吹尘器吹掉设备表面的浮尘，用潮湿软布轻轻擦拭设备表面的污垢。保养后，将探测器恢复至正常工作状态。

3）火灾警报装置的保养

（1）运行环境的检查与保养。

检查手动火灾报警按钮周围是否有影响按钮正常运行的遮挡物，如果有，应移除。检查周围环境是否有漏水情况，如漏水应及时处理。

（2）设备外观的检查与保养。

检查按钮表面是否有污渍、划痕、磨损，如破损严重，应更换火灾警报装置。

（3）接线端子与接线的检查与保养。

检查接线端子及接线，接线端子如有松动应用旋具拧紧，接线端子如有锈蚀痕迹应予以更换；接线如有锈蚀痕迹，应剪掉锈蚀部分，搪锡后重新连接。

（4）启动功能测试。

在火灾报警控制器上启动该区域的火灾警报装置，该装置应发出火灾警报声和光信号，声光信号应满足要求（要求详见项目一单元4）。

（5）清洁与恢复。

对火灾警报装置表面进行清洁，用吹尘器吹掉设备表面的浮尘，用潮湿软布轻轻擦拭设备表面的污垢。保养后，将探测器恢复至正常工作状态。

4）填写记录表

在建筑消防设施维护保养记录表上准确填写以上各项保养内容和保养结果。

实训技能评价标准

本任务实训技能评价表见表1.3.2。

表1.3.2　常见火灾触发器件与火灾警报装置保养任务评分标准

序号	内容	评分标准	配分/分	扣分/分	得分/分
1	火灾探测器保养	能够正确进行火灾探测器保养	30		
2	手动火灾报警按钮保养	能够正确进行手动火灾报警按钮保养	30		
3	火灾警报装置保养	能够正确进行火灾警报装置保养	30		

续表

序号	内容	评分标准	配分/分	扣分/分	得分/分
4	填写记录表	能够准确填写建筑消防设施维护保养记录表	10		

思考题

(1)查阅相关资料,思考火灾探测器及手动火灾报警按钮的常见故障类型及处理方法。

(2)查阅相关规范,思考火灾探测器、手动火灾报警按钮和火灾警报装置的保养周期是多少。

任务 3.2 火灾报警控制器的保养

实训情境描述

建筑消防系统的保养是消防设施操作员的重要工作职责之一。在日常运行过程中,由于环境、人为、设备老化等因素,系统常常发生故障,消防设施操作员需定期对消防设备进行保养。本次实训任务是基于消防设施操作员的具体工作过程,让学生学习火灾报警控制器的保养内容和保养方法。

实训目标

通过教学情境,学生能掌握火灾报警控制器日常保养的方法及注意事项,并能够应用在实际工作中。

实训内容

火灾报警控制器的日常保养。

实训工器具

(1)设备:火灾报警控制器(根据实训室情况自行选择)。

(2)文件:火灾报警控制器说明书。

(3)耗材:建筑消防设施维护保养记录表、签字笔等。

实训知识储备

1)保养要求

(1)保养计划。

火灾自动报警系统设施使用或管理单位应根据消防设施使用场所、环境及产品维护保养要求,制订维护保养计划。火灾自动报警系统设施的维护保养计划至少应包括需要维护的消防设施的具体名称、保养内容和周期等。

（2）备品备件。

火灾自动报警系统设施的使用与管理单位应储备一定数量的火灾自动报警系统设施易损件。

（3）保养记录。

实施保养后，应按照《建筑消防设施的维护管理》（GB 25201—2010）的规定填写建筑消防设施维护保养记录表。

2）保养内容

火灾报警控制器的保养内容见表1.3.3。

表1.3.3　火灾报警控制器的保养要求

保养对象	检查要求	保养方法
火灾报警控制器	（1）每月检查控制器的指示灯、显示屏、音响器件，其应完好有效 （2）控制器外部线路应无缺损、接线端子应无松脱、线标端子标识应清晰、外部接口应接触良好，每月检查 （3）控制器各项功能应正常，每季度检查 （4）每季度用万用表测量控制器的各项输出电压，其应满足产品使用说明书的要求 （5）每季度用万用表测量控制总线回路最末端火灾探测器或模块的输入电压，应满足设计要求	（1）每年切断电源，采用专用清洁工具清除线路板、接线端子及柜（箱）体内灰尘 （2）空气潮湿场所的控制器设备柜（箱）体内应放置干燥剂 （3）最末端火灾探测器或模块的供电电压值小于说明书的规定值时，应更换回路板或调整线路 （4）每年检查火灾报警控制器外部接线端子，发现松动应紧固 （5）每季度备份火灾报警控制器内的软件信息 （6）电池按照产品说明书进行保养

任务书

1）火灾报警控制器的除尘除湿

除尘除湿应当在切断主备电源的情形下进行，按照控制器的关机顺序，依次关闭主备电源，以确保安全。可用吸尘器、潮湿软布等清除柜体内的灰尘。检查火灾报警控制器所在房间的空气湿度，若空气湿度过大，可采用湿度调节装置或者在柜体内放置干燥剂。

2）接线端子的紧固与锈蚀处理

检查火灾报警控制器的接线端子，将松动的端子重新紧固连接；更换有锈蚀痕迹的螺钉、端子垫片等接线部件；去除有锈蚀痕迹的导线端，搪锡后重新连接。

3）电路板的保养（可选任务）

用吹尘器、毛刷等清除电路板处的灰尘。用万用表测量区域型火灾报警控制器总线回路最末端火灾探测器或模块的供电电压。当电压值小于说明书的规定值时，应更换出现问题的电路板或调整线路。

4）备用电源的保养

检查火灾报警控制器备用电源的外观,其表面不应有裂纹、变形及爬碱、漏液等现象,若存在以上现象应及时更换备用电源。

5）接入复检

按规定对火灾报警控制器进行接入复检,检查结果应符合产品标准和设计要求。复检项目检查不合格时,应再次对火灾报警控制器进行维修保养或报废。

6）填写记录

根据检查结果,规范填写建筑消防设施维护保养记录表;若发现火灾报警控制器存在故障,还应规范填写建筑消防设施故障维修记录表。

实训技能评价标准

本任务实训技能评价表见表1.3.4。

表1.3.4 火灾报警控制器保养任务评分标准

序号	内容	评分标准	配分/分	扣分/分	得分/分
1	火灾报警控制器的除尘除湿	能够正确进行除尘除湿操作并不损坏控制器	15		
2	接线端子的紧固与锈蚀处理	能够正确进行接线端子的紧固与锈蚀处理并不损坏控制器	20		
3	电路板的保养	能够正确进行电路板保养并不损坏控制器	20		
4	备用电源的保养	能够正确进行备用电源的保养并不损坏控制器	15		
5	接入复检	能够正确进行接入复检,控制器能够正常工作	20		
6	记录表的填写	正确填写建筑消防设施维护保养记录表	10		

思考题

（1）查阅国家规范《火灾报警控制器》(GB 4717—2005),列举区域型火灾报警控制器功能检查的内容。

（2）查阅国家规范《建筑消防设施的维护管理》(GB 25201—2010),确定对从事建筑消防设施保养的人员是否有从业资格的要求。

单元4　检测火灾自动报警系统

任务4.1　检查与测试火灾自动报警系统的组件功能

实训情境描述

在日常运营中,需定期对火灾自动报警系统进行功能检测,以判断其是否正常运行。本次实训任务是基于消防设施操作员的具体工作过程,针对火灾自动报警系统的各个组件,让学生学习火灾自动报警系统功能检测的方法并进行实际操作。

实训目标

通过教学情境,学生能掌握火灾自动报警系统组件功能检测的内容和方法,并能够将其应用在实际工作中。

实训内容

(1)火灾探测器、手动火灾报警按钮的功能检测。
(2)火灾警报装置的功能检测。

实训工器具

(1)设备:火灾报警控制器(根据实训室情况自行选择)、火灾探测器、手动火灾报警按钮、火灾警报装置、发烟器、电吹风、声级计等。
(2)文件:火灾报警控制器说明书。
(3)耗材:建筑消防设施检测记录表、签字笔等。

实训知识储备

点型感烟火灾探测器、点型感温火灾探测器、手动火灾报警按钮和火灾警报装置是火灾自动报警系统的主要构成组件,其检测内容和方法见表1.4.1。

表1.4.1　火灾自动报警系统的组件功能检测

组件	检测方法
点型感烟火灾探测器	(1)采用点型感烟火灾探测器试验装置,向探测器施放烟气,核查探测器报警确认灯以及火灾报警控制器的火警信号显示 (2)消除探测器内及周围的烟雾,手动复位火灾报警控制器,核查探测器报警确认灯在复位前后的变化情况
点型感温火灾探测器	(1)可复位点型感温火灾探测器,使用温度不低于54 ℃的热源加热,查看探测器报警确认灯和火灾报警控制器的火警信号显示 (2)移开加热源,手动复位火灾报警控制器,核查探测器报警确认灯在复位前后的变化情况 (3)不可复位点型感温火灾探测器,采用线路模拟的方式试验

续表

组件	检测方法
手动火灾报警按钮	(1)触发按钮,查看火灾报警控制器的火警信号显示和按钮的报警确认灯 (2)先复位手动按钮,后复位火灾报警控制器,查看火灾报警控制器和按钮的报警确认灯
火灾警报装置	(1)使用数字声级计测量背景噪声的最大声强 (2)触发同一报警区域内两只独立的火灾探测器或者一只火灾探测器与一只手动火灾报警按钮,启动需测试的火灾警报装置 (3)火灾警报装置启动后,使用声级计测量,其声信号应至少在一个方向上3处的声压级不小于75 dB(A计权) (4)具有光警报功能的火灾警报装置,光信号在100~500 lx的环境光线下、25 m处应清晰可见

任务书

1)火灾探测器的功能测试

(1)点型感烟火灾探测器测试。

用火灾探测器加烟器向点型感烟火灾探测器侧面滤网施加烟气,火灾探测器的报警确认灯点亮,并向火灾报警控制器输出火灾报警信号,火灾报警控制器在接收火灾报警信号后发出火灾报警声、光信号,显示发出火灾报警信号的探测器的地址注释信息。消除火灾探测器内及周围的烟雾,按火灾报警控制器"复位"键,将系统恢复至正常监控状态。

(2)点型感温火灾探测器测试。

用感温火灾探测器功能试验器对点型感温火灾探测器的感温元件加热,点型感温火灾探测器的报警确认灯点亮,并向火灾报警控制器输出火灾报警信号,火灾报警控制器在接收火灾报警信号后发出火灾报警声、光信号,显示发出火灾报警信号的探测器的地址注释信息。移除加热器,按火灾报警控制器"复位"键,将系统恢复至正常监控状态。

2)手动火灾报警按钮测试

按下手动火灾报警按钮的启动零件,红色报警确认灯点亮,并向火灾报警控制器输出火灾报警信号,火灾报警控制器在接收火灾报警信号后发出火灾报警声、光信号,显示发出火灾报警信号的探测器的地址注释信息。复位手动火灾报警按钮的启动零件,按火灾报警控制器"复位"键,将系统恢复至正常监控状态。

3)火灾警报装置的测试

首先,使用数字声级计测量背景噪声的最大声强。然后,触发同一报警区域内两只独立的火灾探测器或一只火灾探测器与一只手动火灾报警按钮,或者手动操作火灾报警控制器发出火灾报警信号,启动火灾警报装置。火灾报警控制器接收到火灾探测器和手动火灾报警按钮的火灾报警信号后发出火灾报警声、光信号。火灾报警控制器显示发出火灾报警信号的探测器和手动火灾报警按钮的地址注释信息。

火灾警报装置启动后,使用声级计测量火灾警报装置的声信号,至少在一个方向上3 m处的声压级应不小于75 dB(A计权)。同时具有光警报功能的火灾警报装置,其光信号在100～500 lx的环境光线下、25 m处清晰可见。

4)填写记录表

在建筑消防设施维护保养记录表上准确填写以上各项检测内容和结果。

实训技能评价标准

本任务实训技能评价表见表1.4.2。

表1.4.2　火灾自动报警系统组件功能的检查与测试任务评分标准

序号	内容	评分标准	配分/分	扣分/分	得分/分
1	点型感烟火灾探测器测试	正确进行点型感烟火灾探测器测试并记录信息	20		
2	点型感温火灾探测器测试	正确进行点型感温火灾探测器测试并记录信息	20		
3	手动报警装置测试	正确进行手动报警装置测试并记录信息	20		
4	火灾警报装置测试	正确进行火灾警报装置测试并记录信息	20		
5	记录表的填写	准确填写建筑消防设施维护保养记录表	20		

思考题

(1)查阅相关资料,整理国家针对建筑火灾自动报警系统检测周期的具体规定。

(2)查阅国家规范《建筑消防设施的维护管理》(GB 25201—2010),明确对从事建筑消防设施检测的人员是否有任职资格的要求。

任务4.2　检测火灾自动报警系统的联动功能

实训情境描述

火灾自动报警系统的联动功能是火灾自动报警系统按预先设定的控制逻辑,向各相关受控设备发出联动控制信号,并接收相关设备的联动反馈信号。确保火灾自动报警系统的联动功能完好,是保障建筑物消防安全的重要条件之一,也是消防设施操作员的重要工作职责之一。本次实训任务是基于消防设施操作员的具体工作过程,针对火灾自动报警系统的联动功能,让学生学习其检测与实操的方法。

实训目标

通过教学情境,学生能掌握火灾自动报警系统联动功能检测的内容和方法,并能将其应用在实际工作中。

实训内容

(1)通过火灾自动报警控制器联动,启动消火栓泵。

(2)通过火灾自动报警控制器联动,启动机械排烟系统的排烟风机、加压送风系统的送风机。

实训工器具

(1)设备:①火灾报警控制器(根据实训室情况自行选择)、火灾探测器、手动火灾报警按钮、火灾警报器、发烟器、电吹风等;②室内消火栓系统;③建筑防烟、排烟系统。

(2)文件:火灾报警控制器说明书,消火栓系统与建筑防烟、排烟系统图。

(3)耗材:建筑消防设施检测记录表、签字笔等。

实训知识储备

1)火灾自动报警系统消防联动控制的要求

根据《火灾自动报警系统设计规范》(GB 50116—2013)的规定,火灾自动报警系统消防联动控制需满足下列要求:

(1)消防联动控制器应能按设定的控制逻辑向各相关受控设备发出联动控制信号,并接受相关设备的联动反馈信号。

(2)需要火灾自动报警系统联动控制的消防设备,其联动触发信号应采用两个独立的报警触发装置报警信号的"与"逻辑组合。

(3)消火栓系统的联动控制方式,应以消火栓系统出水干管上设置的低压压力开关、高位消防水箱出水管上设置的流量开关或报警阀压力开关等信号作为触发信号,直接控制、启动消火栓泵,联动控制不应受消防联动控制器处于自动或手动状态影响。设置消火栓按钮时,消火栓按钮的动作信号应作为报警信号及启动消火栓泵的联动触发信号,由消防联动控制器联动控制消火栓泵的启动。

(4)防烟系统的联动控制方式应符合下列规定:

①应以加压送风口所在防火分区内的两只独立的火灾探测器或一只火灾探测器与一只手动火灾报警按钮的报警信号,作为送风口开启和加压送风机启动的联动触发信号,并应由消防联动控制器联动控制相关层前室等需要加压送风场所的加压送风口的开启和加压送风机的启动。

②应以同一防烟分区内且位于电动挡烟垂壁附近的两只独立的感烟火灾探测器的报警信号,作为电动挡烟垂壁降落的联动触发信号,并应由消防联动控制器联动控制电动挡烟垂壁的降落。

(5)排烟系统的联动控制方式应符合下列规定:

①应以同一防烟分区内的两只独立的火灾探测器的报警信号,作为排烟口、排烟窗或排烟阀开启的联动触发信号,并应由消防联动控制器联动控制排烟口、排烟窗或排烟阀的开启,同时关闭该防烟分区的空气调节系统。

②应以排烟口、排烟窗或排烟阀开启的动作信号,作为排烟风机启动的联动触发信号,并

应由消防联动控制器联动控制排烟风机的启动。

2) 火灾自动报警系统联动功能的检测方法

本书仅针对室内消火栓系统、机械排烟系统、机械加压送风系统进行检测,其检测内容和方法见表1.4.3。

表 1.4.3　火灾自动报警系统联动功能的检测方法

检测内容	检测方法
消火栓泵联动启动	火灾报警控制器或消防联动控制器处于"自动允许"状态,依据消防设备联动控制逻辑设计文件的要求触发其确认火灾,核查消火栓泵联动启动情况
机械排烟系统风机联动启动	火灾报警控制器或消防联动控制器处于"自动允许"状态,依据消防设备联动控制逻辑设计文件的要求触发其确认火灾,核查风机联动启动情况
机械加压送风系统风机联动启动	火灾报警控制器或消防联动控制器处于"自动允许"状态,依据消防设备联动控制逻辑设计文件的要求触发其确认火灾,核查风机联动启动情况

任务书

(1)确认消防联动控制器直接或通过模块与受控设备连接(应选择启动后不会造成损失的受控设备进行试验),接通电源,受控设备处于正常工作状态,消防联动控制器处于"自动允许"状态。

(2)随机触发同一防火分区的两个及以上不同探测形式的报警触发装置同时动作,联动相关消防设备。

(3)观察消防水泵是否启动。消防水泵的动作信号应作为系统的联动反馈信号,反馈至消防控制室。

(4)观察本分区的排烟风机和加压送风风机的启动情况。相关层电梯前室、剪刀梯等需要加压送风的场所的电动风阀打开,排烟风机启动,排烟口、排烟窗或排烟阀开启,同时关闭该防烟分区的空调系统(实训室内若无空调系统,则只需口述讲解)。

实训技能评价标准

本任务实训技能评价表见表1.4.4。

表 1.4.4　火灾自动报警系统联动功能检测任务评分标准

序号	内容	评分标准	配分/分	扣分/分	得分/分
1	火灾报警控制器或消防联动控制器的设置	正确开启控制器,将控制器设置为"自动允许"状态	20		
2	触发报警信号	能够按逻辑触发两个不同的火灾探测器	20		
3	水泵启动	能够启动水泵并记录信息	20		
4	排烟风机启动	能够启动排烟风机并记录信息	20		
5	加压送风风机启动	能够启动加压送风风机并记录信息	20		

思考题

（1）查阅相关规范，明确消防联动控制设计的一般要求。

（2）查阅相关规范，思考在测试火灾自动报警系统联动功能时，如果火灾报警控制器需处于手动状态，那么水泵及风机是否能够联动启动。

项目二
室内外消火栓系统

单元1　巡检室内外消火栓

任务1.1　消防水池、高位消防水箱的检查

实训情境描述

消防水池、高位消防水箱是向消防给水系统供水,保证消防给水系统在火灾时正常运行的储水设施。在日常运行中,需重点关注消防水池、高位消防水箱的水位是否满足要求,并保证用水设施正常供水。本次实训任务是基于消防设施操作员的具体工作过程,让学生了解消防水池、高位消防水箱的构成并掌握其判断方法。

实训目标

通过教学情境,学生能了解消防水池、高位消防水箱的组成;能掌握判断消防水池、高位消防水箱水位的方法。

实训内容

(1)消防水池、高位消防水箱的组成。
(2)消防水池、高位消防水箱水位的判断方法。

实训工器具

(1)设备:消防水池、高位消防水箱、卷尺等计量工具。
(2)文件:消防水池、高位消防水箱的设计图样。
(3)耗材:建筑消防设施检测记录表、签字笔等。

实训知识储备

1)消防水池的作用与构造

消防水池是人工建造的供固定或移动消防水泵吸水的储水设施,可作为消防给水系统的

水源。消防水池按照设置的位置,可分为低位消防水池和高位消防水池。

当消防水池设置在建筑物内地下室或埋设在建筑物外的地下时为低位消防水池,其为消防给水泵提供水源,满足火灾延续时间内所需消防流量。

当消防水池设置在建筑物高处时为高位消防水池,依靠重力直接向水灭火设施供水。其最低有效水位应能满足所有服务的水灭火设施所需的工作压力和流量,且有效容积应满足火灾延续时间内所需消防用水量。

无论何种形式的消防水池,主要都是由水池本体、进水管、出水管、溢流管、液位计、排污管、检修人孔等构成,如图 2.1.1 所示。

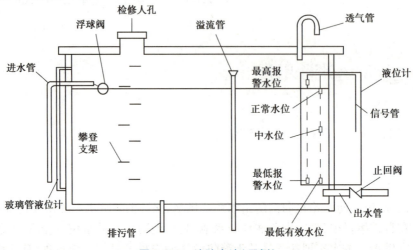

图 2.1.1　消防水池(示例)

2)高位消防水箱的作用与构造

高位消防水箱是设置在高处,直接向水灭火设施重力供应初期火灾消防用水的储水设施。消防水箱可以提供水灭火系统启动初期的消防用水和水压,在消防水泵出现故障的紧急情况下应急供水,确保喷头开放后立即喷水,及时控制初期火灾并为外援灭火争取时间;也可以利用高位差,为系统提供准工作状态下所需水压,以达到管道内充水并保持一定压力的目的。其主要构成如图 2.1.2 所示。

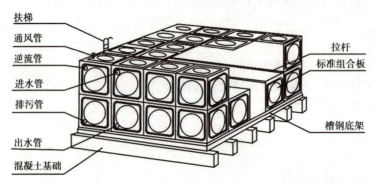

图 2.1.2　高位消防水箱构成(示例)

3) 消防水池、高位消防水箱水位的判定与检查要求

消防水池、高位消防水箱应设置就地水位显示装置，并应在消防控制中心或值班室等地点设置显示消防水池、高位消防水箱水位的装置，同时应有最高和最低报警水位。

就地水位显示装置是观察、显示消防水池与高位消防水箱水位的仪器，常用的就地水位显示装置有玻璃管液位计、玻璃板液位计、磁耦合液位计、浮标液位计等。

玻璃管液位计具有结构简单、经济实用、装置方便、工作可靠等特点，是消防水池、高位消防水箱显示水位仪器的首选。玻璃管液位计包括玻璃管式、蒸汽保温玻璃管式、石英玻璃管式三种形式。

消防设施管理单位每月应对消防水池、高位消防水箱等消防水源设施的水位等进行一次检测；消防水池（箱）玻璃水位计两端的角阀在不进行水位观察时应关闭。

任务书

（1）观察消防水池、高位消防水箱的外观及其配件是否完整。
（2）用卷尺测量消防水池、高位消防水箱的长、宽、高。
（3）在消防水池、高位消防水箱外表面找到玻璃管液位计，确认其外观完整，不影响观察。
（4）打开玻璃管液位计上、下阀门，使玻璃管中的水与水池（水箱）中的水连通。
（5）观察玻璃管液位计上标尺显示的刻度，其即为消防水池、高位消防水箱的水位高度。
（6）记录水位高度，如果不符合要求，及时上报并查找原因。
（7）观察完毕，关闭玻璃管液位计上、下阀门。
（8）在火灾自动报警控制器显示盘上读取消防水池、高位消防水箱的水位标高数据。
（9）填写记录表，在建筑消防设施检测记录表上准确填写相关数据。

实训技能评价标准

本任务实训技能评价表见表 2.1.1。

表 2.1.1　消防水池、高位消防水箱检查任务评分标准

序号	内容	评分标准	配分/分	扣分/分	得分/分
1	消防水池就地水位检查与角阀复位	完成消防水池水位检查并进行角阀复位	30		
2	高位消防水箱水位检查	完成高位消防水箱的水位检查	30		
3	通过火灾自动报警控制器检查水位	能够操作火灾自动报警控制器检查水池的水箱水位	30		
4	填写记录表	能够准确填写建筑消防设施检测记录表	10		

思考题

(1)查阅相应规范与资料,总结消防水池有效容积的最低要求及补水要求。

(2)查阅相应规范与资料,总结高位消防水箱有效容积及静水压力要求。

任务 1.2　消防供水管道阀门的检查

实训情境描述

阀门是消防给水系统中不可缺少的部件。消防给水系统中常用的阀门有闸阀、自动排气阀、蝶阀、止回阀和减压阀等。阀门的启闭状态对消防给水系统是否能够正常运行起着关键作用。本次实训任务是基于消防设施操作员的具体工作过程,让学生学习阀门的工作原理,识别各类消防管道上阀门的启闭状态,判断其是否满足规范要求。

实训目标

通过教学情境,学生能了解消防供水管道阀门的工作原理、种类、型号和基本性能等;能掌握消防水泵吸水管、出水管和消防供水管道上阀门工作状态的判断方法。

实训内容

(1)阀门的种类和工作原理。

(2)阀门工作状态的判断方法。

实训工器具

(1)设备:消防管网及阀门。

(2)耗材:建筑消防设施检测记录表、签字笔等。

实训知识储备

1)消防给水系统常用阀门的种类及其原理

阀门是用来开闭管路、控制管道内流量与流向、调节和控制输送介质参数(温度、压力)的,是具有可动机构的机械。阀门通常由阀体、阀盖、阀座、启闭件、驱动机构、密封件和紧固件等组成。阀门依靠驱动机构或流体驱使启闭件做升降、滑移、旋摆或回转运动,以改变流道面积的大小来实现其控制功能。

消防给水系统中常用的阀门有闸阀、蝶阀、止回阀和减压阀等。

(1)闸阀。

闸阀是一个启闭件闸板,闸板的运动方向与流体方向垂直,闸阀只能用作全开和全关,不能用作调节和节流。消防给水系统中常用的闸阀为明杆闸阀与暗杆闸阀,其结构如图 2.1.3、图 2.1.4 所示。

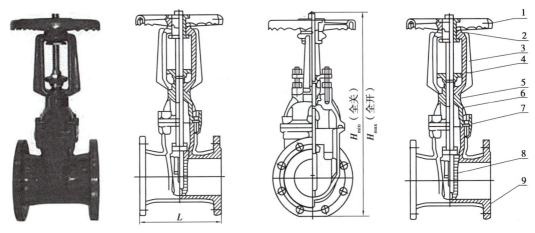

图 2.1.3 明杆闸阀

1—手轮 2—阀杆螺母 3—支架 4—压盖 5—密封圈 6—阀杆 7—中口垫 8—阀瓣 9—阀体

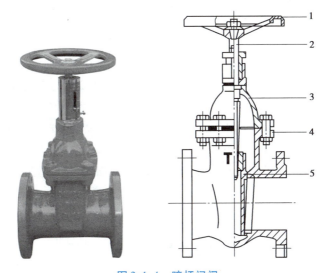

图 2.1.4 暗杆闸阀

1—手轮 2—阀杆 3—阀盖 4—闸板 5—阀体

闸阀在消防给水系统中主要用于室外埋地和室内外架空敷设的消防管道。根据《消防给水及消火栓系统技术规范》(GB 50974—2014)的规定,消防给水系统的阀门选择应符合下列规定:

①埋地管道的阀门宜采用带启闭刻度的暗杆闸阀,当设置在阀门井内时可采用耐腐蚀的明杆闸阀。

②室内架空管道的阀门宜采用蝶阀、明杆闸阀或带启闭刻度的暗杆闸阀等。

③室外架空管道宜采用带启闭刻度的暗杆闸阀或耐腐蚀的明杆闸阀。

④埋地管道的阀门应采用球墨铸铁阀门,室内架空管道的阀门应采用球墨铸铁阀门或不锈钢阀门,室外架空管道的阀门应采用球墨铸铁阀门或不锈钢阀门。

(2)蝶阀。

蝶阀又叫翻板阀,是一种结构简单的调节阀,其关闭件(阀瓣或蝶板)为圆盘,围绕阀轴旋转来达到开启与关闭的状态,可用于低压管道介质的开关控制。带自锁装置的蝶阀是指采用半轴结构的阀轴和桁架式结构的阀板相结合的方式,以蜗轮蜗杆作为蝶阀的手柄,蝶阀的阀门开启或者关闭到一定程度时装置可以自动锁定。消防上常使用带自锁装置的蝶阀,其结构如图 2.1.5 所示。

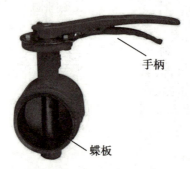

图 2.1.5　带自锁装置的蝶阀

消防蝶阀应用于消防给水系统的管道检修阀门、过滤器前和减压阀后的控制阀门。带自锁装置的蝶阀应用于消防水泵的吸水管上。

（3）止回阀。

止回阀是指启闭件为圆形阀瓣并靠自身重量及介质压力产生动作来阻断介质倒流的一种阀门。止回阀属自动阀类,又称逆止阀、单向阀、回流阀或隔离阀。阀瓣的运动方式分为升降式和旋启式。

止回阀主要应用在消防水泵出水管上。当消防水泵供水高度不大于 24 m 时,宜采用水锤消除止回阀。消声止回阀的阀瓣为升降型,多为梭式或环喷式,采用弹簧升降时助力较大,消除水锤效果好,且结构简单、维护量小。如图 2.1.6 所示为 HH44X 微阻缓闭消声止回阀。

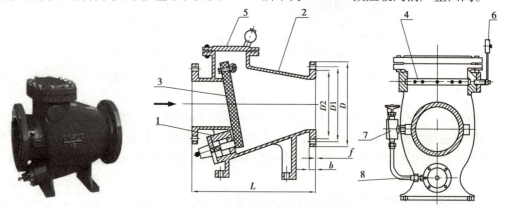

图 2.1.6　HH44X 微阻缓闭消声止回阀

1—缓冲油缸　2—阀体　3—阀瓣　4—阀杆　5—阀盖　6—平衡锤　7—调节阀　8—导管

（4）减压阀。

减压阀是通过调节,将进口压力减至某一需要的出口压力,并依靠介质本身的能量,使出口压力自动保持稳定的阀门。

减压阀在消防给水系统中主要用于消防给水系统分区供水。减压阀的设置应符合下列规定：

①减压阀应设置在报警阀组入口前,当连接两个及以上报警阀组时,应设置备用减压阀。

②减压阀的进口处应设置过滤器,过滤器的孔网直径不宜小于 $4 \sim 5$ 目$/cm^2$,过流面积不应小于管道截面积的 4 倍。

③过滤器和减压阀前后应设压力表,压力表的表盘直径不应小于 100 mm,最大量程宜为设计压力的 2 倍。

④过滤器前和减压阀后应设置控制阀门。

⑤减压阀后应设置压力试验排水阀。

⑥减压阀应设置流量检测测试接口或流量计。

⑦垂直安装的减压阀,其水流方向宜向下。

⑧比例式减压阀宜垂直安装,可调式减压阀宜水平安装。

⑨减压阀和控制阀门宜有保护或锁定、调节配件的装置。

⑩接减压阀的管段不应有气堵、气阻。

2)消防给水阀门的维护管理要求

(1)消防给水系统上所有的控制阀门均应采用铅封或锁链固定在开启或规定的状态,每月应对铅封、锁链进行一次检查,当其被破坏或损坏时应及时修理或更换。

(2)每季度应对室外阀门井中进水管上的控制阀门进行一次检查,并应核实其是否处于全开启状态。

(3)每天对水源控制阀进行外观检查,并应保证系统处于无故障状态。

(4)每月对减压阀组进行一次放水试验,并应检测和记录减压阀的前、后压力,当不符合设计值时,应对其调试和维修以满足系统要求。

(5)每年应对减压阀的流量和压力进行一次试验。

(6)各消防给水系统上阀门应有明确的标识。

任务书

(1)按从吸水管前端到消防水泵进口端的顺序,检查消防水泵吸水管上安装的控制阀门、过滤器、橡胶软接头、偏心异径管;按水泵出口至出水管方向的顺序,检查消防水泵出水管上安装的同心异径管、橡胶软接头、止回阀、控制阀门。

(2)确定消防水泵进、出水管上安装的控制阀类型。进水管上的控制阀门可设置明杆闸阀、暗杆闸阀及带自锁装置的蝶阀三种,出水管上设置的控制阀门应为明杆闸阀。

(3)按照产品说明书,观察各类阀门标志上的型号、规格及公称压力。

(4)当控制阀门为明杆闸阀时,观察闸阀的手轮轮缘上指示开启、关闭的双向箭头和"开""关"字样。若手轮按照开启箭头方向及"开"字旋转表示阀门开启,闸阀阀杆伸出手轮也表示阀门开启,设备处于工作状态;否则为关断。

(5)当控制阀门为暗杆闸阀时,观察阀门启闭标志。阀体上标有"开""关"字样,手轮轮缘上有指示阀门开启、关闭方向的箭头,箭头所指为"开"字,表示阀门开启,设备处于工作状态;否则为关断。

(6)当阀门为带自锁装置的蝶阀时,观察蝶阀手轮上永久性指示开关方向的箭头和"开""关"字样,手轮处于箭头指示的开启方向且指向"开"字,表示阀门开启,设备处于工作状态;否则为关断。

（7）检查止回阀是否采用消声止回阀,按照水流方向立式安装。

（8）打开消防水泵出水管上的试水阀,消防水泵正常启动,其若能顺利出水,表示消防水泵进水管、出水管的管路通顺,各阀门均处于工作状态。

实训技能评价标准

本任务实训技能评价表见表2.1.2。

表 2.1.2　消防供水管道阀门检查任务评分标准

序号	内容	评分标准	配分/分	扣分/分	得分/分
1	判断阀门类型	能够准确识别阀门类型	30		
2	判断阀门的启闭状态	能够准确判断阀门的启闭状态	30		
3	管路通畅测试	打开试水阀,进、出水管管路通畅	30		
4	填写记录表	能够准确填写建筑消防设施检测记录表	10		

思考题

（1）查阅相应规范与资料,总结消防给水管网上的阀门检查周期和内容。

（2）查阅相应规范与资料,列出除本任务所述阀门外,消防给水系统还可能设置的阀门类型并说明其设置要求。

单元 2　操作室内外消火栓给水系统

任务 2.1　室外消火栓的操作

实训情境描述

室外消火栓给水系统是指设置在建（构）筑物外墙以外,通过室外消火栓为消防车等消防设备供水,或通过进户管为室内消防给水设备供水,也可直接连接消防水带、消防水枪出水灭火。本次实训主要是基于消防设施操作员的具体工作过程,让学生学习室外消火栓的操作方法,在操作的基础上判断室外消火栓是否满足国家规范的要求。

实训目标

通过教学情境,学生能了解室外消火栓给水系统的分类、组成及工作原理;能掌握室外消火栓给水系统的构造;能熟练掌握室外消火栓的操作方法。

实训内容

（1）室外消火栓给水系统的工作原理及设置要求。

（2）室外消火栓的操作与检查方法。

实训工器具

（1）设备：室外消火栓、消防水带、水压测试水枪、室外消火栓扳手。

（2）文件：室外消火栓给水系统图。

（3）耗材：建筑消防设施检测记录表、签字笔等。

实训知识储备

1）室外消火栓给水系统的组成

室外消火栓给水系统的分类及水源、水质情况不同，因此其组成形式各不相同。例如，生产、生活、消防合用室外消火栓给水系统一般由消防水源、取水设施、水处理设施、给水设备、给水管网和室外消火栓设施组成。对建筑而言，室外消火栓给水系统主要由消防水源（主要来自市政自来水）、消防水泵（消防供水设备）、室外消火栓给水管网（包括干管、支管等附件）及室外消火栓灭火设备（包括室外消火栓、消防水带、消防水枪等）组成。

2）室外消火栓给水系统的工作原理

（1）低压室外消火栓给水系统。

低压室外消火栓给水系统是指能满足车载或手抬移动消防水泵等取水所需的工作压力和流量的供水系统。发生火灾时，消防水枪的灭火工作压力由消防车或其他移动式消防水泵提供。该给水系统的管网内供水压力应确保灭火时在最不利点消火栓处的水压从地面算起应不小于 0.1 MPa。建筑物室外灭火宜采用低压消防给水系统。

（2）临时高压室外消火栓给水系统。

临时高压室外消火栓给水系统是指平时室外消火栓给水管网不能满足灭火设施所需的工作压力和流量，火灾发生时能自动启动消防水泵以满足灭火所需工作压力和流量的供水系统。其构造如图 2.2.1 所示。

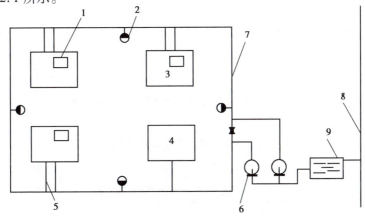

图 2.2.1 临时高压室外消火栓给水系统

1—高位消防水箱 2—室外消火栓 3—高层建筑 4—多层建筑 5—消防引入管

6—消防水泵 7—室外消防环网 8—市政管网 9—消防水池

(3)高压室外消火栓给水系统。

高压室外消火栓给水系统是指其给水管网内始终保持灭火设施所需工作压力和流量,确保发生火灾时无须经过消防车或消防水泵加压的供水系统。

3)室外消火栓的分类与选择

(1)按安装场合分类,室外消火栓可分为地上式、地下式和折叠式;地上式又可分为湿式和干式。

(2)按进水口连接方式分类,室外消火栓可分为承插式和法兰式。

(3)按用途分类,室外消火栓可分为普通型和特殊型;特殊型又可分为泡沫型、防撞型和减压稳压型。

根据气候的不同,应选择不同形式的室外消火栓。通常严寒、寒冷地区及夏热冬冷地区必须采用地上干式室外消火栓或者地下式室外消火栓,严寒地区还宜增设消防水鹤;对于夏热温和地区及高海拔地区,应根据当地的具体情况选择合适的室外消火栓。

为方便消防员取水,宜采用地上式室外消火栓;当采用地下式室外消火栓时,消火栓井的直径不宜小于 1.5 m,且当地下式室外消火栓的取水口在冰冻线以上时,应采取保温措施。

任务书

(1)将消防水带铺开、拉直。

(2)快速连接消防水枪与消防水带。

(3)打开室外消火栓的公称直径 65 mm 出水口的闷盖,同时关闭其他不用的出水口。

(4)连接消防水带与室外消火栓出水口。

(5)连接完毕,将室外消火栓的扳手逆时针旋转,把螺杆旋到最大位置,打开室外消火栓,对准火焰灭火。

(6)室外消火栓使用完毕后,需打开排水阀,将室外消火栓内的积水排出,以免因结冰而使室外消火栓损坏。

实训技能评价标准

本任务实训技能评价表见表 2.2.1。

表 2.2.1　室外消火栓的操作任务评分标准

序号	内容	评分标准	配分/分	扣分/分	得分/分
1	室外消火栓给水系统的工作原理	能够说明不同类型的室外消火栓给水系统的工作原理	25		
2	消防水带的敷设与连接	正确、快速地敷设并连接消防水带	25		
3	室外消火栓出水试验	能够正确地操作室外消火栓	25		
4	记录表的填写	准确填写建筑消防设施检测记录表	25		

思考题

(1)查阅相关资料,总结工业与民用建筑室外消火栓给水系统的设置要求。

(2)查阅相关资料,说明对于不同类型的建筑室外消火栓,其消防水量与火灾延续时间的设计要求各是什么。

任务2.2 室内消火栓的操作

实训情境描述

室内消火栓给水系统是建(构)筑物上应用最广泛的一种灭火设施。其主要作用是在火灾时供消防员实施灭火,也可以供火灾现场有使用能力的人员扑救初期火灾用。本次实训主要是基于消防设施操作员的具体工作过程,让学生学习室内消火栓给水系统的操作方法,在操作的基础上判断室内消火栓给水系统是否满足国家规范的要求。

实训目标

通过教学情境,学生能了解室内消火栓给水系统的分类、组成及工作原理;能掌握室内消火栓给水系统的构造;能熟练掌握室内消火栓的操作方法。

实训内容

(1)室内消火栓给水系统的工作原理及设置要求。

(2)室内消火栓的操作与检查方法。

实训工器具

(1)设备:室内消火栓、消防水带、水压测试水枪、火灾自动报警系统。

(2)文件:室内消火栓给水系统构造图或设计图样。

(3)耗材:建筑消防设施检测记录表、签字笔等。

实训知识储备

1)室内消火栓给水系统的组成

室内消火栓给水系统的组成与系统采用的给水方式有关。针对建筑消防给水系统,通常采用的是临时高压消防给水系统。临时高压室内消火栓给水系统由消防水源、消防给水设施、消防给水管网、室内消火栓及系统附件等部分组成,其详细构成如图2.2.2所示。

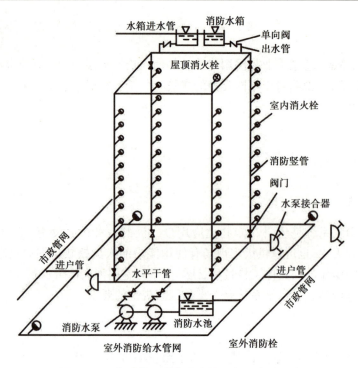

图 2.2.2　临时高压室内消火栓给水系统的构造

2）室内消火栓给水系统的分类

室内消火栓给水系统可按照水压、用途、服务范围等进行分类。
（1）按水压分类。
室内消火栓给水系统可分为临时高压室内消火栓给水系统、高压室内消火栓给水系统。
（2）按系统的用途分类。
室内消火栓给水系统可分为生产、生活、消防合用给水系统，生产、消防合用给水系统，生活、消防合用给水系统，独立的消防给水系统。
（3）按系统的服务范围分类。
室内消火栓给水系统可分为独立的高压（临时高压）消防给水系统、区域集中的高压（临时高压）消防给水系统。

3）室内消火栓

室内消火栓是由室内消火栓给水管网向火场供水的带有阀门的接口，它与室内消防给水管道连接，是各类建筑室内的固定消防设施。室内消火栓设置在消火栓箱内。消火栓箱是指安装在建（构）筑物内的消防给水管路上，具有给水、灭火、控制、报警等功能的箱状固定式消防装置。消火栓箱内还设置了消火栓接口、消防水带、消防水枪、消防软管卷盘及消防按钮等组件，如图 2.2.3 所示。

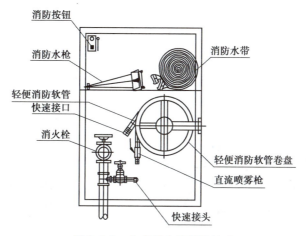

图 2.2.3　室内消火栓箱的组成

（1）消防水枪与试验消防水枪

室内消火栓宜配置当量喷嘴直径 16 mm 或 19 mm 的消防水枪，但当室内消火栓设计的流量为 2.5 L/s 时宜配置当量喷嘴直径 11 mm 或 13 mm 的消防水枪；消防软管卷盘和轻便消防水龙应配置当量喷嘴直径 6 mm 的消防水枪。消防水枪实物如图 2.2.4 所示。

图 2.2.4　消防水枪

设有室内消火栓的建筑应设置带有压力表的试验消防水枪，实物如图 2.2.5 所示，其设置的位置应符合下列规定：

①多层和高层建筑应在其屋顶设置，严寒、寒冷等冬季结冰地区可设置在顶层出口处或水箱间内等便于操作和防冻的位置。

②单层建筑宜设置在水力最不利处，且应靠近出入口。

图 2.2.5　带压力表的试验消防水枪

（2）消防水带与消防软管卷盘

室内消火栓应配置公称直径 65 mm、有内衬里的消防水带，长度不宜超过 25 m；轻便水龙应配置公称直径 25 mm、有内衬里的消防水带，长度宜为 30 m。此外，消防软管卷盘应配置内径不小于 19 mm 的消防软管，其长度宜为 30 m。消防水带和消防软管卷盘分别如图 2.2.6、图 2.2.7 所示。

图 2.2.6　消防水带　　　　　　　　图 2.2.7　消防软管卷盘

（3）消火栓接口

室内消火栓接口通常可分为单阀式和双阀式，安装于消火栓箱内并与供水管路相连。室内消火栓的型号通常用字母 SN 表示，如 SN65 表示公称通径为 65 mm 的直角单阀出口型室内消火栓。两种室内消火栓接口如图 2.2.8、图 2.2.9 所示。

（4）消防按钮

消防按钮表面装有一按片，发生火灾启用消火栓时，可直接按下按片，此时消防按钮的红色启动指示灯亮，黄色警示物弹出，表明已向消防控制室发出报警信息，火灾报警控制器（俗称报警主机）在确认消防水泵已启动运行后，就向消防按钮发出命令信号，点亮绿色回答指示灯，如图 2.2.10 所示。

图 2.2.8　单阀式室内　　　图 2.2.9　双阀式室内　　　图 2.2.10　消防按钮
　　　　　消火栓接口　　　　　　　消火栓接口

任务书

（1）确认室内消火栓给水系统的供水阀门处于正常工作状态，供水管道通畅。

（2）发生火灾时，迅速打开消火栓箱门，若为玻璃门，紧急时可将其击碎（实训时无须击碎）。

（3）按下消火栓箱内的消防按钮，发出报警信号。

（4）取出消防水枪，拉出消防水带，将消防水带接口一端与消火栓接口以顺时针旋转连接，另一端与水枪以顺时针旋转连接，在地面上铺平、拉直。

（5）一人将室内消火栓手轮顺着开启方向旋开，另一人以双手紧握水枪，喷水灭火。

（6）灭火完毕，关闭室内消火栓，将消防水带冲洗干净、置于阴凉干燥处晾干后，按原消防水带安置方式置于消火栓箱内。若采用破碎式消防按钮，还需将已破碎的消防按钮外玻璃清理干净，换上同等规格的玻璃片；若采用可复位式消防按钮，则用复位钥匙将消防按钮复位。

实训技能评价标准

本任务实训技能评价表见表2.2.2。

表2.2.2　室内消火栓操作任务评分标准

序号	内容	评分标准	配分/分	扣分/分	得分/分
1	室内消火栓给水系统的工作原理	能够说明临时高压室内消火栓给水系统的工作原理	25		
2	消防水带的敷设与连接	正确、快速地敷设并连接消防水带	25		
3	室内消火栓出水试验	能够正确打开室内消火栓并进行灭火	25		
4	记录表的填写	准确填写建筑消防设施检测记录表	25		

思考题

（1）查阅相关资料，总结工业与民用建筑室内消火栓给水系统的设置要求。

（2）查阅相关资料，说明对于不同类型的建筑室内消火栓给水系统，其消防水量与火灾延续时间的设计要求各是什么。

任务2.3　消防水泵的操作

实训情境描述

消防水泵是指专用消防水泵或达到国家标准《消防泵》（GB 6245—2006）规定的普通清水泵。在大部分建筑消防系统中，消防水泵的作用是对消防用水加压，使其满足灭火所需工作压力和流量的要求。本次实训主要是基于消防设施操作员的具体工作过程，让学生学习消防水泵控制柜工作状态的识别、切换并手动启、停消防水泵组。

实训目标

通过教学情境，学生能了解消防水泵的分类、组成、工作原理、启动方式及巡检；了解消防水泵组电气控制柜的功能、组成及设置；能熟练掌握消防水泵组电气控制柜工作状态的识别、切换方法和消防水泵组手动启、停方法。

实训内容

(1)消防水泵控制柜工作状态的识别、切换。

(2)手动启、停消防水泵组。

实训工器具

(1)设备:消防水泵、消防水泵控制柜(器)、火灾自动报警系统。

(2)文件:消防水泵控制柜控制原理图。

(3)耗材:建筑消防设施检测记录表、签字笔等。

实训知识储备

1)消防水泵的分类

消防水泵是在消防给水系统(包括消火栓系统、自动喷水灭火系统等)中用于保证系统供水压力和水量的给水泵,如消火栓泵、喷淋泵、消防传输泵等。消防水泵是消防给水系统的心脏,其工作状况直接影响着灭火的成效。

消防水泵的类型很多,按出口压力等级可分为低压消防泵、中压消防泵、中低压消防泵、高压消防泵和高低压消防泵;按用途可分为供水消防泵、稳压消防泵、供泡沫液消防泵;按辅助特征可分为普通消防泵、深井消防泵和潜水消防泵;按动力源形式可分为柴油机消防泵组、电动机消防泵组、燃气轮机消防泵组和汽油机消防泵组;按用途可分为供水消防泵组、稳压消防泵组和手抬机动消防泵组。

2)消防水泵的组成及工作原理

消防给水系统中使用的水泵多为离心泵。离心泵主要由蜗壳形的泵壳、泵轴、叶轮、吸水管、压水管和底阀等组成。其工作原理主要是利用叶轮旋转产生离心力而使水运动。水泵启动前须使泵壳和吸水管内注满水,电动机启动后,泵轴带动叶轮和水高速旋转,水在离心力的作用下甩向叶轮外缘,经蜗形泵壳的流道流入水泵的压水管路;与此同时,水泵叶轮中心处形成负压,水在大气压力的作用下被吸进泵壳内。叶轮不停地转动,水在叶轮的作用下不断流入与流出,达到输送水的目的。其构成如图2.2.11所示。

3)消防水泵的启动方式

根据《消防给水及消火栓系统技术规范》(GB 50974—2014)的规定:消防水泵应能手动启停和自动启动;同时还规定了消防水泵控制柜应设置机械应急启泵功能,并应保证在控制柜内的控制线路发生故障时由有管理权限的人员在紧急时启动消防水泵。机械应急启动时,应确保消防水泵在报警后5 min内正常工作。消防水泵不应设置自动停泵的控制功能,停泵应由具有管理权限的工作人员根据火灾扑救情况确定。

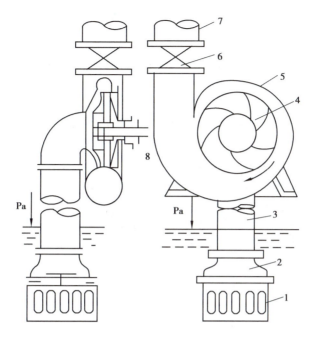

图 2.2.11　离心泵组成示意图

1—滤网　2—底阀　3—吸水管　4—叶轮　5—泵壳　6—调节阀　7—出水管　8—泵轴

（1）手动启停。

消防水泵控制柜设置了转换开关,将转换开关转到手动位置时,可手动启动、停止相应的水泵。消防水泵控制柜上设有一键紧急停泵按钮和一键紧急启泵按钮。

由消防控制中心手动启泵时,消防控制中心消防联动控制器直接手动控制单元上设置的手动启动消防水泵按钮,按下该按钮后消防水泵启动。

（2）自动启动。

消防水泵应由消防水泵出水干管上设置的压力开关、高位消防水箱出水管上的流量开关,或报警阀压力开关等开关信号应能直接自动启动消防水泵。消防水泵房内的压力开关宜引入消防水泵控制柜内。在消防水泵的自动启动过程中,消防水泵控制柜始终处于自动启泵状态。

（3）机械应急启泵。

由于压力开关、流量开关等弱电信号和硬拉线是通过继电器来自动启动消防泵,如果弱电信号因故障或继电器等故障不能自动或手动启动消防水泵,即控制继电器、启泵按钮都失灵后,无法自动和手动启动消防水泵,此时应采用机械应急启泵,拉紧应急启动操纵杆,启动消防水泵。

4）消防水泵巡检的要求

消防水泵巡检包括巡查和检测,是消防设施操作员的日常工作之一。巡查是直接观察系统部件是否处于完好状态、仪表是否处于正常状态,以确保系统在准工作状态保持完好,一旦发生火灾能及时、有效地灭火。消防水泵巡检也包含一些检测内容以及对系统的模拟试验、测试等,让巡查人员对系统性能有全面了解。关于消防水泵巡检的周期和内容见表2.2.3。

表 2.2.3　消防水泵巡检周期与内容

巡检周期	巡检内容
日检	（1）每日巡视应查看消防水泵的供电是否正常,不正常时要及时处理 （2）检查消防水泵的减振基础是否正常,不正常时要及时处置 （3）每日应对稳压泵的停泵、启泵压力和启泵次数等进行检查,并记录其运行情况 （4）每日应对柴油机消防水泵启动电池的电量进行检测(若未设置柴油发电机,则此项可忽略)
周检	每周消防水泵运行前,检查泵组是否完好,要求:水泵的吸水管、出水管、旁通管能全部开放;泵组无泄漏;进、出水管压力表正常;消防水池储满消防用水 （1）每周消防水泵运行前,检查电气控制部分是否完好 （2）每周消防水泵运行前,检查主电源、备用电源切换是否正常;检查备用电源,应保证在 30 s内使水泵投入正常运行,检查备用水泵能否自动切换、投入运行 （3）每周应模拟消防水泵自动控制的条件自动启动消防水泵运转一次,且应自动记录自动巡检情况,每月应检测、记录
月检	（1）每月应手动启动消防水泵,使其运转一次,并应检查供电电源的情况 （2）每月应检测消防水泵自动记录的自动巡检情况 （3）每月应手动启动柴油机消防水泵运行一次 （4）每月应对气压水罐的压力和有效容积等进行一次检测
季度检	每季度应对消防水泵的出水流量和压力进行一次试验

任务书

1）消防水泵控制柜工作状态的识别、切换

（1）打开消防水泵控制柜,检查柜内低压断路器、接触器、继电器等电器是否完好,各元件应无破损、松动、脱落,紧固各电器接触接头和接线螺钉。

（2）断开消防水泵控制柜总电源,检查各转换开关,启泵、停泵按钮动作应灵活、可靠。

（3）合上总电源,检查电源指示是否应正常。

（4）将消防水泵控制柜控制开关转至手动,手动启动任一消防水泵,观察消防水泵控制柜运行情况,各仪表、指示灯是否指示正常,是否有异响;若无异常,则表示其工作状态正常。

（5）将消防水泵控制柜控制开关转至自动,打开消防水泵试水阀,观察消防水泵控制柜运行情况,各仪表、指示灯是否指示正常,是否有异响;若无异常,则表示其工作状态正常。

2）消防泵组的启停

（1）接通供电设施,观察消防水泵控制柜上的显示屏,确认电流、电压、功率等满足消防泵组的工作要求。

（2）观察消防水泵控制柜上的显示屏,确认消防水池是否处于正常水位;观察消防水池水位计显示是否处于正常水位,其应能满足消防泵组自灌吸水的要求。

（3）打开消防水泵试水阀,将消防水泵控制柜控制开关转至手动,按下消防水泵控制柜上的一键启动按钮,观察消防水泵是否按时启动且运行平稳。

（4）按下消防水泵控制柜上的一键停止按钮,观察消防水泵是否平稳地停止运行。

（5）按下火灾报警控制器上的直接启动消防水泵按钮,观察消防水泵是否按时启动且运行平稳。

（6）按下消防水泵控制柜上的一键停止按钮,观察消防水泵是否平稳地停止运行。

3）消防泵组巡检

（1）按照对消防水泵巡检周期和内容的要求（表2.2.3）,对消防水泵进行巡检。

（2）正确填写建筑消防设施检测记录表。

实训技能评价标准

本任务实训技能评价表见表2.2.4。

表2.2.4　消防水泵操作任务评分标准

序号	内容	评分标准	配分/分	扣分/分	得分/分
1	消防水泵控制柜工作状态的识别、切换	能够按照实训步骤正确进行操作	40		
2	消防水泵组的启停	能够按照实训步骤正确进行操作	40		
3	消防水泵组的巡检及记录表的填写	巡检不漏项,正确填写建筑消防设施检测记录表	20		

思考题

（1）查阅相关资料,总结消防水泵调试的要求以及检查方法。

（2）查阅相关资料,总结消防水泵验收的要求以及检查方法。

单元3　保养室内外消火栓系统

任务3.1　消火栓系统的保养

实训情境描述

保养消火栓系统是保证消火栓在火灾时正常使用的重要工作任务之一。在日常运行中,消防设施操作员需对消火栓系统的管道、阀门、消火栓箱等部件进行定期保养。本次实训任务是基于消防设施操作员的具体工作过程,让学生学习消火栓系统的保养。

实训目标

通过教学情境,学生能了解消火栓系统管道、阀门和消火栓箱保养的内容;能掌握消火栓系统管道、阀门和消火栓箱保养的方法。

实训内容

(1)消火栓系统管道、阀门和消火栓箱的保养。
(2)消防软管卷盘、轻便消防水龙的保养。

实训工器具

(1)设备:消火栓系统、专用扳手、刷子、防锈漆和润滑油等。
(2)文件:消火栓系统设计图样。
(3)耗材:建筑消防设施维护保养记录表、签字笔等。

实训知识储备

1)消火栓系统管道、阀门的保养要求(表2.3.1)

表2.3.1　消火栓系统管道、阀门的保养要求

保养对象	检查要求	保养方法
消防栓系统管道、阀门	(1)定期观察消火栓系统管道、阀门外观,检查是否有腐蚀、机械损伤 (2)检查阀门是否漏水 (3)检查消火栓系统上各阀门的开启状态,确保其常开,平时不得关闭 (4)检查管路的固定是否牢靠	(1)进水管上控制阀门应每个季度检查一次,核实其处于全开启状态 (2)系统所有的阀门均应采用铅封或锁链固定在开启或规定状态 (3)每月对铅封、锁链进行一次检查,当有损坏或破坏时应及时修理或更换 (4)消防管道色环及文字标识缺失应恢复

2)消火栓的保养要求(表2.3.2)

表2.3.2　消火栓的保养要求

保养对象	检查要求	保养方法
室内消火栓	(1)每季度检查室内消火栓周围环境,清理、移除障碍物 (2)每季度检查室内消火栓箱及组件外观,不应有锈蚀、破损现象 (3)最低气温低于5℃时,应检查湿式消火栓系统的保温、采暖或电伴热等措施,干式消火栓系统管网应无存水 (4)每季度对室内消火栓进行1次严密性试验	(1)室内消火栓局部锈蚀,应打磨、除锈后重新补漆 (2)最低气温低于5℃时,应检修湿式消火栓系统的保温、采暖或电伴热等措施,放空干式消火栓系统管网余水,必要时使用压缩空气吹扫 (3)安装室内消火栓闷盖接口,手动全开、全闭2次后恢复其关闭状态

3）消防软管卷盘的保养要求（表2.3.3）

表2.3.3　消防软管卷盘的保养要求

保养对象	检查要求	保养方法
消防软管卷盘	（1）观察卷盘表面，确认对其进行过耐腐蚀处理，涂漆部分的漆层应均匀，其表面应无起层、剥落或肉眼可见的点蚀凹坑 （2）检查软管卷盘的密封性能，其密封性能应良好，任何部位均不得渗漏，软管缠绕轴应不发生明显变形 （3）检查软管的规格及内径、长度，其应符合产品规定 （4）检查软管的额定工作压力，其应与软管卷盘相同 （5）观察软管衬里及覆盖层材料的物理机械性能，其应符合相应材料的国家标准或行业标准的规定	（1）每半年至少进行一次全面的检查维修 （2）定期更换损坏或不能运行的组件 （3）对消防软管卷盘的转动机构加注润滑油

4）轻便消防水龙的保养要求（表2.3.4）

表2.3.4　轻便消防水龙的保养要求

保养对象	检查要求	保养方法
轻便消防水龙	（1）观察消防水带的织物层，编织应均匀、表面整洁、无破损；消防水带衬里（或外覆层）的厚度应均匀，表面应光滑平整、无折皱或其他缺陷 （2）检查金属件，其表面应无结疤、裂纹及砂眼，加工表面应无伤痕，铝制件表面应做阳极氧化处理 （3）检查接口和水枪，其各表面应光洁，无伤痕、裂纹和孔眼，螺纹部分无损牙，接口与消防水带连接部位的锐角应倒钝，铝合金制件表面应做阳极氧化处理 （4）观察喷枪的螺纹，其应无缺牙，表面应光洁	（1）每半年至少进行一次全面的检查维修 （2）定期更换损坏或不能运行的组件 （3）对轻便消防水龙的转动机构加注润滑油

任务书

1）消火栓系统管道、阀门和消火栓箱的保养

（1）观察消火栓系统管道，其若漏水，应及时补漏或更换管道。

（2）检查消火栓系统管道，发现其有锈蚀，应及时除锈、刷防锈漆。

（3）观察阀门是否漏水，若漏水，查明原因并及时更换密封件或阀门。

（4）检查供水阀门的启闭标志，确定阀门是否处于开启状态，若其处于关闭状态，应开启。

（5）手动操作阀门和消火栓箱栓阀转动机构，若其有卡阻、转动不灵活，应加注润滑油；若其有损坏，应及时更换。

（6）检查消防水枪、消防水带及消防软管卷盘是否齐备、无损伤，若有缺失应及时增补。

（7）观察消火栓周围的物品，若影响消火栓使用，应及时清理。

（8）在建筑消防设施维护保养记录表上填写维护保养记录。

2）消防软管卷盘的保养

（1）观察消防软管卷盘表面，确定卷盘无起层、剥落或肉眼可见的点蚀凹坑，软管外表无破损、划伤和局部隆起，喷枪的螺纹表面光洁、牙形完整。

（2）检查消防软管卷盘的接口，如其有损坏应及时更换。

（3）在额定工作压力下进行喷射检查，检查各连接部位是否松动，软管是否老化；开启消防供水管上的阀门，检查供水管路是否有泄漏现象。

（4）在建筑消防设施维护保养记录表上填写维护保养记录。

3）轻便消防水龙的保养

（1）检查消防水带、接口及水枪的外观、质量，确定其应符合要求。

（2）按照检测要求，检查轻便消防水龙的接口，如其有损坏应及时更换。

（3）检查喷枪的开关，开关转换应灵活、无卡阻，若有卡阻应加注润滑油。

（4）对不同类型轻便消防水龙在不同工作压力下进行喷射检查，检查各连接部位是否松动，软管是否老化，若有应及时更换。

（5）开启供水管上的阀门，检查供水管路是否有泄漏现象，若有泄漏，应及时维修、补漏。

（6）在建筑消防设施维护保养记录表上填写维护保养记录。

实训技能评价标准

本任务实训技能评价表见表2.3.5。

表2.3.5　消火栓系统保养任务评分标准

序号	内容	评分标准	配分/分	扣分/分	得分/分
1	消火栓系统的管道、阀门和消火栓箱的保养	能够按照实训步骤,正确进行操作	30		
2	消防软管卷盘的保养		30		
3	轻便消防水龙的保养		30		
4	记录表的填写	准确填写建筑消防设施维护保养记录表	10		

思考题

(1)查阅相关资料,编制消火栓系统保养计划。

(2)查阅相关资料,说明消火栓阀体外部需涂何种颜色的漆、手轮需涂何种颜色的漆。

任务3.2　消防水箱水池的保养

实训情境描述

消防水箱水池是消防给水系统的水源,对消防水箱水池的保养是保证消防时有满足要求的水量的重要前提。在日常运行中,消防设施操作员需定期对消防水池水箱进行保养。本次实训任务是基于消防设施操作员的具体工作过程,让学生学习消防水箱水池的保养。

实训目标

通过教学情境,学生能了解消防水池、高位消防水箱的保养内容;能掌握消防水池、高位消防水箱的保养方法。

实训内容

消防水池、高位消防水箱的保养。

实训工器具

(1)设备:消防水池、高位消防水箱、专用扳手、温度计、刷子、防锈漆和润滑油等。

(2)文件:消火栓系统设计图样。

(3)耗材:建筑消防设施维护保养记录表、签字笔等。

实训知识储备

1)消防水池、高位消防水箱的保养内容

(1)消防水池、高位消防水箱的外观完好,无脱落、锈蚀。

(2)水箱间、水箱与墙壁间的通道通畅,无阻碍。

(3)进水管、出水管、泄水管的阀门处于开启状态。

(4)溢流管和通气管上的防虫网无锈蚀。

(5)水位信号装置完好,显示正常。

(6)人孔、扶梯应牢固,无脱落、无腐蚀。

(7)与消防水池、高位消防水箱相连的管道应无渗漏。

(8)消防水池(水箱)间的通风良好、排水顺畅。

2)消防水池、高位消防水箱的保养周期与保养方法(表2.3.6)

表2.3.6　消防水池、高位消防水箱的保养周期与保养方法

保养周期	保养方法
每日	(1)检查通风设施是否有效运行 (2)检查地面排水设施是否堵塞等 (3)检查溢流水管处是否有水溢流,若有水溢流但报警水位没有报警,说明溢流报警水位位置有误,应调整溢流报警水位的准确位置;若既溢流又存在水位报警信号,则说明进水阀可能损坏,需对进水阀进行维修 (4)冬季应每日对消防储水设施进行室内温度和水温检测,当结冰或室内温度低于5 ℃时,应采取措施,确保不结冰和室温不低于5 ℃
每月	(1)每月应对消防水池、高位消防水箱等消防水源设施的水位进行一次检测;消防水池(箱)玻璃水位计两端的角阀在不进行水位观察时应关闭 (2)检查消防用水不作他用的技术措施,发现故障应及时进行处理,当发现电子液位与机械液位(玻璃管液位计)等不一致时,应校核电子液位的准确性和合理性
每季度	(1)每季度对水池、水箱外观进行检查,重点检查其承重结构、孔口、基础、检修通道或梯子是否存在明显的损害或破损 (2)每季度对水池(箱)周围有无可燃物,有无造成腐蚀和污染的物品,水池(箱)内冬季有无结冰进行检查;当水池(箱)为金属材料时,应检查有无自身腐蚀;当水池(箱)为玻璃钢材料或混凝土结构时,应检查有无裂缝、有无渗水 (3)每季度检查水池(箱)周围的通道是否畅通,及时清运通道上的垃圾、杂物等
每年	(1)每年对消防水池、消防水箱等蓄水设施的结构材料完好与否进行检查,发现问题及时处理 (2)每年按设计要求对阴极保护维修检查一次 (3)每年对进出水管上的阀门、伸缩接头检查一次,发现漏水或破裂及时处理

任务书

(1)检查消防水池、高位消防水箱上各类供水阀门是否处于正常开启的工作状态,若关闭,应及时开启阀门。

(2)观察单向阀门的安装方向是否与水流方向一致,若不一致,及时维修。

(3)观察钢筋混凝土消防水池的进水管、出水管防水套管是否锈蚀、渗漏,若锈蚀,应及时除锈并涂刷防锈漆;若有渗漏,应及时上报维修。

(4)观察钢板等制作的消防水箱的进出水管道法兰连接是否稳固,有振动的管道的柔性

接头若有松动、破裂,应使用专用扳手紧固或更换。

(5)观察高位消防水箱表面、进水管、出水管接头处是否锈蚀,若有锈蚀,应及时除锈并涂刷防锈漆。

(6)观察消防水池(水箱)的水位计显示是否正常,若有损坏,应及时维修更换。

(7)检查消防水池(水箱)设置通气管或呼吸管防虫网是否锈蚀、损坏,若有锈蚀,应及时除锈并涂刷防锈漆;若有损坏,应及时更换。

(8)检查水箱爬梯是否腐蚀、脱落,若有,应及时上报维修。

(9)观察消防水池(水箱)的人孔以及进、出水管阀门等所采取的锁具或阀门箱等保护措施是否完好,若有损坏,应及时上报维修。

(10)打开消防水池(水箱)泄水管上的泄水阀,观察进水阀能否正常补水,若不能,应及时上报维修更换。

(11)用温度计测量消防水池(水箱)间环境温度,应不低于5 ℃。

(12)观察消防水池(水箱)间内是否有妨碍使用的杂物,若有,应及时清除。

(13)在建筑消防设施维护保养记录表上填写维护保养记录。

实训技能评价标准

本任务实训技能评价表见表2.3.7。

表2.3.7　消防水箱水池保养任务评分标准

序号	内容	评分标准	配分/分	扣分/分	得分/分
1	消防水池水箱的保养	能够按照实训步骤,正确进行保养操作	60		
2	记录表的填写	正确填写建筑消防设施维护保养记录表	40		

思考题

(1)查阅相关资料,说明消防水池容量的计算方法。

(2)查阅相关资料,说明高位消防水箱高度的设置要求。

单元4　检查与测试消火栓系统

任务4.1　消防供水设施的检测

实训情境描述

在消防给水系统的日常运行中,需重点关注消防供水设施的安装质量,其供水能力需满足设计要求。本次实训任务是基于消防设施操作员的具体工作过程,让学生对消防供水设施的安装质量进行检查并进行功能测试。

实训目标

通过教学情境,学生能了解消防水泵接合器、消防水池、消防水箱及消防增(稳)压设施的安装要求;能熟练掌握消防水池、消防水箱供水能力的测试方法。

实训内容

(1)消防供水设施安装质量检查。
(2)消防水池、消防水箱供水能力测试。

实训工器具

(1)设备:消防水池、消防水箱、水泵接合器、增(稳)压设施、卷尺等计量工具。
(2)文件:消防给水系统的设计图样。
(3)耗材:建筑消防设施检测记录表、签字笔等。

实训知识储备

1)消防水池(水箱)的设置要求

(1)储存室外消防用水的消防水池或供消防车取水的消防水池应设置取水口(井),且吸水高度不应大于 6 m;取水口(井)与建筑物(水泵房除外)的距离不宜小于 15 m,与甲、乙、丙类液体储罐等构筑物的距离不宜小于 40 m,与液化石油气储罐的距离不宜小于 60 m(当采取防止辐射热保护措施时可为 40 m),如图 2.4.1 所示。

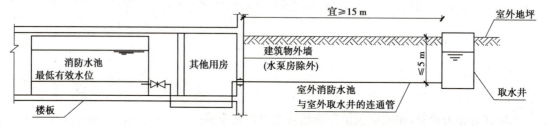

图 2.4.1 室外消防水池取水口(井)的设置(示例)

(2)消防水池(水箱)需设进水管、出水管、溢流管、放空管、通气管、水位信号装置、人孔、扶梯等,合用水池(水箱)还需设置消防用水不作他用的技术保证措施,如图 2.4.2 所示。

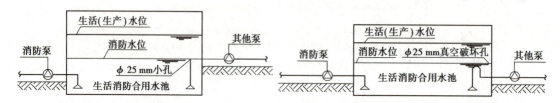

a)消防用水量不作他用的措施一   b)消防用水量不作他用的措施二

图 2.4.2 消防用水不作他用的技术保证措施(示例)

(3)消防水池的给水管应根据其有效容积和补水时间确定,补水时间不宜大于 48 h,当消防水池有效总容积大于 2 000 m³ 时不应大于 96 h。消防水池进水管管径应通过计算确定,且不应小于 DN100。

（4）消防水箱进水管的管径应满足消防水箱 8 h 充满水的要求,但管径不应小于 DN32,进水管宜设置液位阀或浮球阀。高位消防水箱出水管管径应满足消防给水设计流量的出水要求,且不应小于 DN100。

（5）消防水池（水箱）的溢流管、泄水管不得与生产或生活用水的排水系统直接相连,应采用间接排水方式。

（6）高位消防水箱最小有效容积与最小静水压力的要求,详见表 2.4.1。

表 2.4.1　高位消防水箱最小有效容积与最小静水压力的要求

建筑分类	建筑高度或面积	最小有效容积	最小静水压力
一类高层公共建筑	≤100 m	36 m³	10 m
	>100 m 且 ≤150 m	50 m³	15 m
	>150 m	100 m³	15 m
二类高层公共建筑、多层公共建筑		18 m³	7 m
高层住宅建筑	>54 m 且 ≤100 m	18 m³	7 m
	>27 m 且 ≤54 m	12 m³	7 m
多层住宅建筑	>21 m 且 ≤27 m	6 m³	≤7 m
商店建筑	总建筑面积>10 000 m² 且 <30 000 m²	36 m³	—
	总建筑面积≥30 000 m²	50 m³	
工业建筑	室内消防给水设计流量≤25 L/s	12 m³	7 m(体积<20 000 m³)
			10 m(体积≥20 000 m³)
	室内消防给水设计流量>25 L/s	18 m³	7 m(体积<20 000 m³)

2) 消防增(稳)压设施的安装要求

当高位消防水箱不能满足表 2.4.1 的静压要求时,应设增(稳)压设施。消防增(稳)压设施的设置要求如下。

（1）气压水罐的设置要求。

①气压水罐有效容积、气压、水位及设计压力应符合设计要求。

②气压水罐安装位置和间距、进水管及出水管方向应符合设计要求。

③气压水罐宜安装有效水容积指示器。

④气压水罐安装时其四周要设检修通道,其宽度不宜小于 0.7 m;消防稳压罐的布置应合理、紧凑。

⑤当气压水罐设置在非采暖房间时,应采取有效措施防止结冰。

（2）稳压泵的设置要求。

①稳压泵的设计流量不应小于消防给水系统管网的正常泄漏量和系统自动启动的流量。

②消防给水系统管网的正常泄漏量应根据管道材质、接口形式等确定,当没有管网泄漏量

数据时,稳压泵的设计流量宜按消防给水设计流量的 1% ~3% 计,且不宜小于 1 L/s。

③稳压泵的设计压力应满足系统自动启动和管网充满水的要求。

④稳压泵的设计压力应保持系统自动启泵压力设置点处的压力在准工作状态时大于系统设置的自动启泵压力值,且增加值宜为 0.07 ~0.10 MPa。

⑤稳压泵的设计压力应保持系统最不利点处水灭火设施在准工作状态时的静水压力应大于 0.15 MPa。

⑥设置稳压泵的临时高压消防给水系统时,应设置防止稳压泵频繁启停的技术措施,当采用气压水罐时,其调节容积应根据稳压泵启泵次数不大于 15 次/h 来计算、确定,但有效储水容积不宜小于 150 L。

任务书

1)检查消防水泵接合器、消防水池(水箱)、消防稳压设施的安装情况

(1)检查消防水泵接合器的设置环境和防护措施,应符合设计安装要求。

(2)检查消防水泵接合器管井、止回阀、安全阀、控制阀的安装应牢靠,连接严密、无渗漏,止回阀的安装方向正确,控制阀启闭灵活且处于开启状态。地下消防水泵接合器井的砌筑应有防水和排水设施。

(3)检查消防水泵接合器本体,应安装牢靠,外观无损伤,铭牌等标识正确、醒目。

(4)利用消防车载消防水泵或手抬机动泵等进行消防水泵接合器充水试验。供水最不利点的压力、流量应符合设计要求。

(5)检查消防水池(水箱)的安装情况,对照设计文件,测量、核算有效容积,应符合要求;目测观察补水措施、防冻措施以及消防用水不作他用的保证措施;检查水箱安装位置及支架或底座安装情况,其尺寸及位置应符合设计要求,埋设平整牢固。

(6)查看各管路、阀门、就地水位显示装置等的安装情况和阀门启闭状态,应符合要求;查看各连接处的连接方式和连接质量,应牢靠、无渗漏;管道穿越楼板或墙体时的保护措施应符合要求;溢流管、泄水管采用间接排水方式,并未与生产或生活用水的排水系统直接相连。

(7)检查气压水罐的安装情况,查看气压水罐的安装位置和设置环境,应符合要求;观察和测量气压水罐的有效容积、调节容积符合设计要求;观察各连接处应严密、无渗漏,管路阀门启闭状态正确;观察气压水罐气侧压力是否符合设计要求;观察和测试气压罐是否满足稳压泵的启停要求。

(8)检查稳压泵的安装情况,对照设计文件和产品说明核对稳压泵的型号、性能等,其应符合设计要求;稳压泵的安装应牢固,各管件连接严密、无渗漏,管路阀门启闭状态正确。

(9)测试稳压泵的工作情况,观察稳压泵供电应正常,自动、手动启停应正常;关掉主电源,主、备电源能正常切换;测试稳压泵的控制符合设计要求,启停次数 1 h 内应不大于 15 次且交替运行功能正常。

(10)测试水灭火设施最不利点处的静水压力,其应符合设计要求。

(11)记录检查测试情况。

2)测试消防水池(水箱)的供水能力

(1)检查确认消防水池(水箱)进、出水管路补水管路阀门处于正常开启状态,泄水管路阀门处于关闭状态。

（2）通过就地水位显示装置查看消防水池（水箱）当前液位。设有玻璃管式、磁翻板式液位计的，应先确认液位计排水阀门处于关闭状态，随后打开进水管阀门，查看液面稳定后的液位显示；消防水池（水箱）设有压力变送器控制显示装置的，直接读取显示数值；消防水池内壁设有水位刻度标记的，读取当前水位刻度。

（3）结合设计文件中确定的最低有效水位和消防水池（水箱）内部横截面积，核算当前有效储水量。就地水位显示装置已作排除最低有效水位处理或直接标识、显示有效储水量（体积）等技术处理的，该步骤可简化或省略。

（4）关闭补水管路阀门，泄放一定的水量后再打开补水管路，同时开始计时，补水完成后停止计时，通过补水量和补水用时核算补水能力。

（5）结合设计文件确定的室内消防用水设计流量，核算消防水池（水箱）的有效供水时间。

（6）系统恢复正常运行状态，关闭进水阀，打开排水阀，将液位计中余水排净后关闭排水阀。

（7）记录检查与测试情况。

实训技能评价标准

本任务实训技能评价表见表 2.4.2。

表 2.4.2　消防供水设施检查与测试任务评分标准

序号	内容	评分标准	配分/分	扣分/分	得分/分
1	消防供水设施检查	能够按照实训步骤进行检查	40		
2	消防水池（水箱）供水能力测试	能够按照实训步骤，正确进行消防水池（水箱）供水能力测试	40		
3	记录表的填写	正确填写建筑消防设施检测记录表	20		

思考题

（1）查阅相关资料，总结消防供水设施的测试周期与内容。

（2）查阅相关资料，总结消防稳压装置容积的计算方法。

任务 4.2　消火栓系统的检查与测试

实训情境描述

在消火栓的日常运行中，需重点关注其安装质量，并定期测试其是否满足设计要求。本次实训任务是基于消防设施操作员的具体工作过程，让学生对消火栓系统的安装质量进行检查并进行功能测试。

实训目标

通过教学情境，学生能了解室内、室外消火栓系统的安装质量要求；能熟练掌握消火栓系统工作压力、栓口静压和系统联动控制功能的测试方法。

实训内容

(1)室内外消火栓的安装质量检查。
(2)消火栓系统测试。

实训工器具

(1)设备:室内外消火栓、试水栓头、火灾自动报警系统及联动控制系统、卷尺等。
(2)文件:消防给水系统的设计图样。
(3)耗材:建筑消防设施检测记录表、签字笔等。

实训知识储备

1)室外消火栓的设置要求

(1)室外消火栓管网布置要求(图2.4.3)。
①室外消防给水采用两路消防供水时应采用环状管网,当采用一路消防供水时可采用枝状管网。向环状管网输水的进水管不应少于两条,当其中一条发生故障时,其余的进水管应能满足消防用水总量的供给要求。
②环状管道应用阀门分成若干独立段,每段内室外消火栓的数量不宜超过5个。
③室外消防给水管道的直径应根据流量、流速和压力要求经计算确定,但不应小于DN100。
④当室外消防给水引入管设有倒流防止器,且发生火灾时因其水头损失导致室外消火栓不能满足压力和流量要求时,应在该倒流防止器前设置一个室外消火栓。

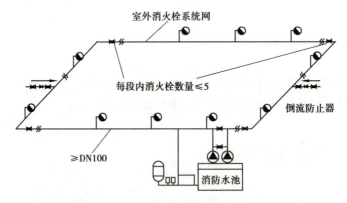

图2.4.3 室外消火栓管网布置要求(示例)

(2)室外消火栓的安装质量要求。
①室外消火栓的保护半径不应超过150 m,并宜沿建筑周围均匀布置,且不宜集中布置在建筑一侧;建筑消防扑救面一侧的室外消火栓数量不宜少于2个。
②消火栓应布置在消防车易于接近的人行道和绿地等地点,且不应妨碍交通。消火栓距路边不应小于0.5 m且不应大于2 m;距建筑外墙或外墙边缘不宜小于5 m。消火栓应避免设

置在机械易撞击的地点,确有困难时,应采取防撞措施。当室外消火栓安装部位存在可能落物危险时,上方应采取防坠落物撞击的措施。

③室外消火栓的选型、规格、数量和位置应符合设计要求。

④地下消火栓井的直径不宜小于 1.5 m,当地下室外消火栓的取水口在冰冻线以上时应采取保温措施;地下消火栓顶部进水口或顶部出水口应正对井口,顶部进水口或顶部出水口与消防井盖底面的距离不应大于 0.4 m;井内应有足够的操作空间,并应做好防水措施;地下室外消火栓应设置永久性固定标识。

2)室内消火栓的设置要求

(1)室内消火栓系统管网的安装布置要求。

①室内消火栓系统管网应布置成环状,当室外消火栓设计流量不大于 20 L/s 且室内消火栓不超过 10 个时,除国家有关规范规定的必须设置环状管网的情形外,室内消火栓系统管网可布置成枝状。

②室内消防管道管径应根据系统设计流量、流速和压力要求经计算确定;室内消火栓竖管管径应根据竖管最低流量经计算确定,但不应小于 DN100。

③室内管网应采用阀门划分若干个独立段,保证检修管道时关闭停用的竖管不超过 1 根,当竖管超过 4 根时,可关闭不相邻的 2 根;每根竖管与供水横干管相接处应设置阀门。

④室内消火栓给水管网宜与自动喷水等其他水灭火系统的管网分开设置;当合用消防水泵时,供水管路应沿水流方向在报警阀前分开设置。

(2)室内消火栓的安装、布置要求。

①设置室内消火栓的建筑,包括设备层在内的各层均应设置消火栓。

②建筑室内消火栓的设置位置应满足火灾扑救要求,并应符合下列规定:

a.室内消火栓应设置在楼梯间及其休息平台和前室、走道等明显易于取用,以及便于火灾扑救的位置;

b.住宅的室内消火栓宜设置在楼梯间及其休息平台;

c.汽车库内消火栓的设置不应影响汽车的通行和车位的设置,并应确保消火栓的开启;

d.同一楼梯间及其附近不同层设置的消火栓,其平面位置宜相同;

e.冷库的室内消火栓应设置在常温穿堂或楼梯间内。

③建筑室内消火栓栓口的安装高度应便于消防水龙带的连接和使用,其距地面高度宜为 1.1 m;其出水方向应便于消防水带的敷设,并宜与设置消火栓的墙面成 90°角或向下。

④室内消火栓栓口压力和消防水枪充实水柱,应符合下列规定:

a.消火栓栓口动压力不应大于 0.50 MPa,当大于 0.70 MPa 时必须设置减压装置;

b.高层建筑、厂房、库房和室内净空高度超过 8 m 的民用建筑等场所,消火栓栓口动压不应小于 0.35 MPa,且消防水枪充实水柱应按 13 m 计算;其他场所,消火栓栓口动压不应小于 0.25 MPa,且消防水枪充实水柱应按 10 m 计算。

任务书

1)检查消火栓系统的安装质量

(1)检查室外消火栓系统管网,其设置形式、阀门设置和管道材质应符合设计要求。

（2）检查阀门井、地下消火栓井。消火栓前端控制阀应处于开启状态,法兰等连接处无渗漏,井内无积水。

（3）检查室外消火栓,设置位置和防护措施应符合要求,外观完好,安装牢固,出水口高度便于吸水管连接操作。

（4）打开室外消火栓进行放水试验,要求阀门启闭灵活、水压正常、水质清澈,无锈水和大量沙砾、杂质。

（5）检查室内消火栓系统管网,防腐、防冻措施应符合设计要求,管道标识清晰,连接处应无渗漏,管道阀门启闭状态正常。

（6）检查室内消火栓箱、消火栓选型、设置位置和安装质量,其应符合要求。

（7）连接消防水带、消防水枪进行放水试验,阀门应启闭灵活,水压和水质应符合要求。

（8）记录检查情况。

2）测试室内消火栓压力

（1）检查、确认消防水泵组电气控制柜处于自动运行模式。

（2）开启最不利点处消火栓,小幅度开启试水接头,观察有水流出后,关闭试水接头,观察并记录接头压力表指示读数。

（3）缓慢开启试水接头至全开,消防水泵启动并正常运转后,记录接头压力表稳定读数。

（4）试水完毕后,停止水泵,关闭消火栓,卸下试水接头,排除余水后卸下消防水带。

（5）使系统恢复正常运行状态。

实训技能评价标准

本任务实训技能评价表见表2.4.3。

表2.4.3 消火栓系统检查与测试任务评分标准

序号	内容	评分标准	配分/分	扣分/分	得分/分
1	检查室外消火栓的安装质量	能够按照实训步骤进行室外消火栓安装质量检查且不漏项	40		
2	测试室内消火栓压力	能够按照实训步骤,正确进行室内消火栓压力测试	40		
3	记录表的填写	正确填写建筑消防设施检测记录表	20		

思考题

（1）查阅相关资料,思考为什么消火栓栓口动压力不应大于0.5 MPa;当大于0.7 MPa时必须设置减压装置。

（2）查阅相关资料,思考测试消火栓压力时启动的消防水泵是否可以通过消防控制器直接停泵,为什么。

项目三
自动喷水灭火系统

单元 1　操作自动喷水灭火系统

任务 1.1　区分自动喷水灭火系统

实训情境描述

自动喷水灭火系统是当今世界上公认最为有效的自动灭火设施之一,是应用最广泛、用量最大的自动灭火系统。国内外应用实践证明,该系统具有安全可靠、经济实用、灭火成功率高等优点。本次实训任务是基于消防设施操作员的具体工作过程,让学生学习湿式自动喷水灭火系统、干式自动喷水灭火系统和预作用自动喷水灭火系统的工作原理。

实训目标

通过教学情境,学生能了解湿式、干式自动喷水灭火系统的组成和工作原理;能掌握湿式、干式自动喷水灭火系统的区分方法。

实训工器具

(1)设备:湿式、干式自动喷水灭火系统。
(2)文件:湿式、干式自动喷水灭火系统的系统图。

实训知识储备

1)自动喷水灭火系统的分类与适用条件

自动喷水灭火系统的分类与适用条件见表3.1.1。

表3.1.1　自动喷水灭火系统的常用类型及适用条件

系统功能	系统类型	报警阀类型	喷头类型	适用条件（条件为并列关系，满足其一即可）
控灭火（闭式）	湿式系统	湿式报警阀	闭式洒水喷头	环境温度不低于4 ℃且不高于70 ℃，处于准工作状态时允许充水（勿喷）的场所
控灭火（闭式）	干式系统	干式报警阀	闭式洒水喷头	环境温度低于4 ℃或高于70 ℃
控灭火（闭式）	预作用系统（单连锁）	预作用装置	闭式洒水喷头	（1）处于准工作状态时严禁勿喷的场所（2）用于替代干式系统的场所
控灭火（闭式）	预作用系统（双连锁）	预作用报警阀	闭式洒水喷头	（1）处于准工作状态时严禁充水的场所（2）用于替代干式系统的场所
控灭火（闭式）	重复启闭预作用系统	重复启闭预作用报警阀	闭式洒水喷头	灭火后必须及时停止喷水的场所
控灭火（开式）	雨淋系统	雨淋阀	开式洒水喷头	（1）火灾的水平蔓延速度快，闭式喷头的开放不能及时使喷水面积有效覆盖着火区域（2）室内净空高度超过相应要求，且必须迅速扑灭初期火灾（3）火灾危险等级为严重危险Ⅱ级
防火分隔（开式）	防火分隔水幕系统	雨淋阀	开式洒水喷头或水幕喷头（宜为开式洒水喷头）	防火分隔开口部位。不宜用于尺寸超过15 m（宽）×8 m（高）的开口（舞台口除外）
防护冷却（开式）	防护冷却水幕系统	雨淋阀	水幕喷头	—
防护冷却（闭式）	防护冷却系统	湿式报警阀	宜为边墙型洒水喷头	

2)自动喷水灭火系统的组成与工作原理

湿式自动喷水灭火系统主要由闭式喷头、湿式报警阀组、水流指示器、末端试水装置、管道和供水设施等组成。

干式自动喷水灭火系统主要由闭式喷头、干式报警阀组、充气和气压维持设备、水流指示器、末端试水装置、管道及供水设施等组成。

各类自动喷水灭火系统的工作原理详见表3.1.2,各类自动喷水灭火系统的组成如图3.1.1—图3.1.4所示。

表3.1.2　自动喷水灭火系统的工作原理

系统类型		工作原理
湿式系统		连锁控制:喷头动作→报警阀组压力开关(流量开关、水泵出水管压力开关)→启动水泵→喷水灭火→人工停泵
		联动控制:火灾自动探测信号+报警阀组压力开关联动启动水泵
		手动控制:①消防控制室(盘)远程控制;②消防水泵房现场应急操作
干式系统		喷头动作→加速排气→报警阀组压力开关(流量开关、水泵出水管压力开关)→启动水泵→喷水灭火→人工停泵
		联动控制:火灾自动探测信号+报警阀组压力开关联动启动水泵
		手动控制:①消防控制室(盘)远程控制;②消防水泵房现场应急操作
预作用系统	单联锁(仅有自动报警系统)	即消防联动控制器处于自动状态下,当火灾报警系统接收到"同一报警区域内两个及以上独立的感烟火灾探测器或一个感烟火灾探测器与一个手动火灾报警按钮"的报警信号时("与"逻辑),以报警信号作为触发信号,消防联动控制器自动开启预作用装置的电磁阀,从而启动预作用装置
	双联锁(带充气装置)	即消防联动控制器处于自动状态下,以火灾探测器或手动火灾报警按钮的报警信号+充气管道上压力开关报警信号("与"逻辑)作为触发信号,消防联动控制器自动开启预作用装置的电磁阀,从而启动预作用装置
雨淋系统		探测器动作(传动管)→雨淋阀组→报警阀组压力开关(流量开关、水泵出水管压力开关)→启动水泵→喷水灭火
水幕系统		探测器动作→雨淋阀组→报警阀组压力开关(流量开关、水泵出水管压力开关)→启动水泵→喷水灭火

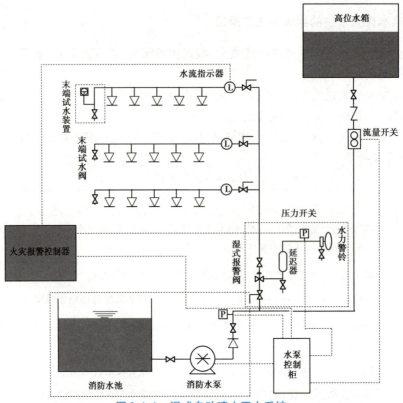

图 3.1.1　湿式自动喷水灭火系统

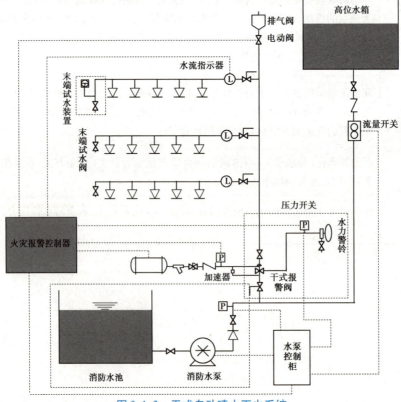

图 3.1.2　干式自动喷水灭火系统

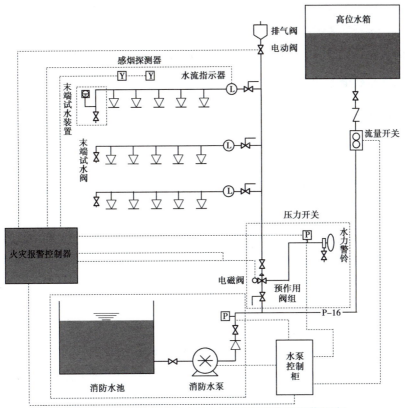

图 3.1.3 预作用自动喷水灭火系统(仅有自动报警系统)

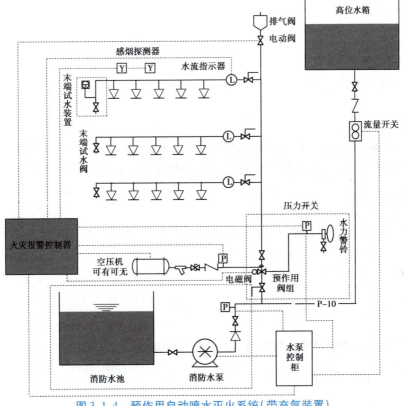

图 3.1.4 预作用自动喷水灭火系统(带充气装置)

任务书

根据实训室设备情况,区分湿式、干式自动喷水灭火系统。

实训技能评价标准

本任务实训技能评价表见表3.1.3。

表3.1.3　区分自动喷水灭火系统任务评分标准

序号	内容	评分标准	配分/分	扣分/分	得分/分
1	区分湿式、干式自动喷水灭火系统	能够准确区分湿式、干式自动喷水灭火系统	50		
2	说明湿式、干式自动喷水灭火系统的主要区别	能够准确说明湿式、干式自动喷水灭火系统的不同要素	50		

思考题

(1)查阅相关资料,思考自动喷水灭火系统中连锁与联动的区别。
(2)查阅相关资料,总结湿式报警阀组与干式报警阀组的区别。

任务1.2　操作消防泵组电气控制柜

实训情境描述

自动喷水灭火系统的核心组件之一是消防水泵,火灾发生时,消防水泵启动是成功灭火的关键因素。本次实训任务是基于消防设施操作员的具体工作过程,让学生学习自动喷水灭火系统消防水泵的控制逻辑,并掌握切换其启停状态的方法。

实训目标

通过教学情境,学生能掌握湿式、干式自动喷水灭火系统消防水泵的启动方式与控制逻辑;熟练掌握消防泵组电气控制柜工作状态切换和消防水泵手动启/停的操作方法。

实训工器具

(1)设备:自动喷水灭火系统消防水泵、消防水泵控制柜、火灾自动报警控制系统。
(2)文件:自动喷水灭火系统的系统图。
(3)耗材:建筑消防设施巡查记录表、签字笔等。

实训知识储备

1)自动喷水灭火系统消防水泵的启动方式与控制逻辑

(1)消防水泵的启动方式。

　　根据《自动喷水灭火系统设计规范》(GB 50084—2017)的规定,对于湿式自动喷水灭火系统、干式自动喷水灭火系统,应由消防水泵出水干管上设置的压力开关、高位消防水箱出水管上的流量开关和报警阀组压力开关直接自动启动消防水泵。预作用系统应由火灾自动报警系统、消防水泵出水干管上设置的压力开关、高位消防水箱出水管上的流量开关和报警阀组压力开关直接自动启动消防水泵。

　　消防水泵除具有自动控制启动方式外,还应具备下列启动方式:

　　①消防控制室(盘)远程控制;

　　②消防水泵房现场应急操作。

　　如图3.1.5所示,红色虚线部分表示湿式自动喷水灭火系统消防水泵的启动信号线路。

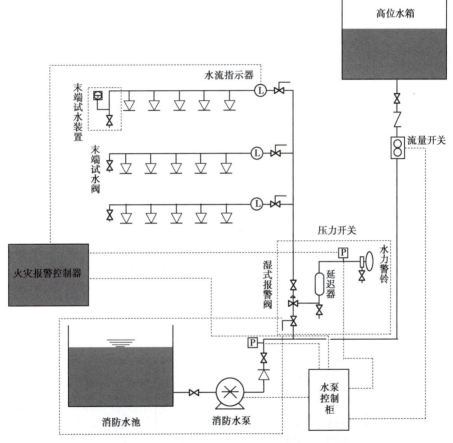

图3.1.5　湿式自动喷水灭火系统及控制图

　　在上述消防水泵启动方式中,消防控制室总线联动启动、高位消防水箱出水管流量开关启动、报警阀组压力开关启动和消防水泵出水干管压力开关启动属于自动启动控制,其他方式属于手动启动控制。

　　消防水泵不设自动停泵的控制功能,其停止应由具有管理权限的工作人员根据火灾扑救情况确定,并通过消防控制室多线控制盘上的启/停按钮或消防水泵房消防水泵组电气控制柜上的停止按钮手动实施。

　　消防水泵组电气控制柜还应设置机械应急启泵功能,并应保证在控制柜内的控制线路发生故障时由有管理权限的人员在紧急时启动消防水泵,机械应急启动时,应确保消防水泵在报警5 min内正常工作。

（2）消防水泵的启动控制逻辑。

湿式、干式自动喷水灭火系统消防水泵的启动控制逻辑如图3.1.6、图3.1.7所示。

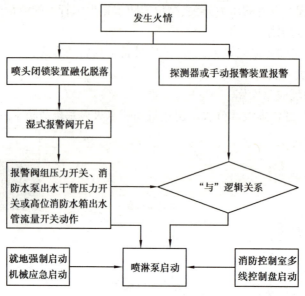

图3.1.6　湿式自动喷水灭火系统消防水泵启动控制逻辑

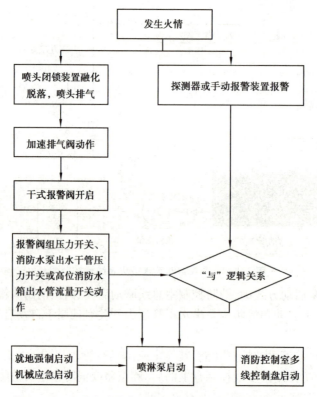

图3.1.7　干式自动喷水灭火系统消防水泵启动控制逻辑

2)消防泵组电气控制柜功能

湿式、干式自动喷水灭火系统电气控制柜主要具备启/停泵、主/备泵切换、手动/自动转换、双电源切换、巡检、保护、反馈、机械应急启动等功能。

(1)启/停泵功能。

控制柜设置有手动启/停每台消防水泵的按钮,并设有远程控制消防水泵启动的输入端子。消防水泵的启动运行和停止应正常,指示灯、仪表显示应正常。

图 3.1.8　手动/自动转换和主/备泵切换开关

(2)主/备泵切换功能。

当主泵发生故障时,备用泵自动延时投入,水泵启动时间不应大于 2 min。

(3)手动/自动转换功能。

在自动状态下,除火灾自动报警系统联动启动水泵外,还可远程手动启动水泵,可通过多线控制盘远程停止水泵或通过控制柜停止水泵;在手动状态下,只能通过控制柜启/停按钮启动、停止水泵。

(4)双电源切换功能。

控制柜应具备双电源自动切换功能,消防水泵使用的电源应采用消防电源,双电源切换装置可设置在消防泵组电气控制柜附近,也可以设置在消防泵组电气控制柜内。

(5)巡检功能。

控制柜应具备定期自动巡检和人工手动巡检等功能,大功率消防水泵可以采用变频运行等方式缓减水泵启动时对电网及管网的冲击。

(6)保护功能。

控制柜应具有过载保护、短路保护、过压保护、缺相保护、欠压保护、过热保护功能。出现以上状况时,消防泵组电气控制柜故障灯常亮,并发出故障信号。

(7)反馈功能。

控制柜应具有将泵启、泵停、泵故障、手/自动状态等信号反馈至消防控制室报警主机的功能。

(8)机械应急启动功能。

控制柜应具有机械应急启动功能,在控制柜内的控制线路发生故障时可由具有管理权限的工作人员在紧急时启动消防水泵。

任务书

(1)检查确认系统处于完好、有效状态。

(2)操作控制柜面板实施手动/自动切换和主/备泵切换。如图 3.1.9 所示,转换开关处于中间挡位时,代表手动运行状态,消防水泵的启/停只能通过控制柜面板的启动/按钮进行操作,自动控制失效。

图 3.1.9　消防水泵控制柜操作面板

(3)实施主/备电切换操作。

①检查确认当前为常用电源供电状态,常用电源指示灯点亮。

②将运行模式切换按钮置于手动模式。

③按动主/备电切换按钮,将系统设置为备用电源供电状态,观察到常用电源指示灯熄灭,备用电源指示灯点亮。

④按动主/备电切换按钮,将系统恢复至常用电源供电状态,将运行模式开关恢复为自动模式。

(4)分别模拟主电和主泵故障,测试备电和备泵自动投入运行的情况。

①检查确认双电源转换开关处于自动运行模式,切断主电源,观察备用电源可实现自投后恢复主电源供电。

②确认控制柜处于自动运行模式,采用末端试水装置处放水等方式使报警阀组压力开关动作,待主泵启动并运转平稳后模拟主泵故障(切断主泵开关),观察备用泵是否能够自动投入运转,手动停泵后使系统恢复正常运行状态。

(5)实施手动启动、停止消防水泵操作。

①将控制柜设置为手动运行模式。

②按下控制面板上任一消防水泵启动按钮,观察仪表、指示灯、电动机运转等情况。

③按下对应的消防水泵停止按钮,观察仪表、指示灯、电动机运转等情况。

④控制柜恢复自动运行模式。

(6)实施机械应急启动消防水泵的操作。

打开控制柜面板,旋转消防水泵控制柜上的机械应急启动装置(图 3.1.10),观察消防水泵是否启动。

图3.1.10　消防水泵控制柜机械应急启动装置

（7）记录检查与测试情况。

实训技能评价标准

本任务实训技能评价表见表3.1.4。

表3.1.4　消防水泵组操作评分标准

序号	内容	评分标准	配分/分	扣分/分	得分/分
1	消防控制柜的主备电切换	能够正确进行主备电的切换	30		
2	手动启停消防水泵	能够按照实训步骤,正确手动启停消防水泵	30		
3	机械应急启动消防水泵	能够按照实训步骤,正确手动启停消防水泵	30		
4	记录表的填写	正确填写建筑消防设施巡查记录表	10		

思考题

（1）查阅相关资料,思考消防水泵控制柜上机械应急启动装置的原理和作用。
（2）查阅相关资料,总结自动喷水灭火系统消防水泵备用电源的设置要求。

单元2　保养自动喷水灭火系统

任务2.1　湿式、干式自动喷水灭火系统的保养

实训情境描述

对自动喷水灭火系统进行日常保养,可保证自动喷水灭火系统的性能和使用条件符合有关技术要求,确保火灾发生时系统能立即动作并喷水灭火。本次实训任务是基于消防设施操作员的具体工作过程,结合日常检查与巡检,让学生学习湿式、干式自动喷水灭火系统的维护

和保养。

实训目标

通过教学情境,学生能了解湿式、干式自动喷水灭火系统组件的保养内容和保养要求,能掌握相关保养方法。

实训工器具

(1)设备:湿式、干式自动喷水灭火系统。
(2)文件:湿式、干式自动喷水灭火系统的系统图。
(3)耗材:建筑消防设施维护保养记录表、签字笔等。

实训知识储备

1)系统的周期性维护管理

自动喷水灭火系统周期性维护管理的内容见表3.2.1。

表 3.2.1　系统的周期性维护管理

周期	部位	检查内容
日检	水源控制阀、报警控制装置	目测巡检其完好状况及开闭状态
	电源	接通状态、电压
	设置了储水设备的房间(冬季每天)	检查室温
月检	内燃机驱动消防水泵、电动消防水泵、稳压泵	启动试运转
	喷头	检查完好状况、清除异物、备用量
	系统所有控制阀门	检查铅封、锁链完好状况
	消防气压给水设备	检测气压、水位
	蓄水池、高位水箱	检测水位、消防储备水不被他用的措施
	信号阀	启闭状态
	水泵接合器	检查完好状况
	报警阀、试水阀	放水试验,启动性能
	过滤器	排渣、完好状态
	内燃机	油箱油位、驱动泵运行
季度检	电磁阀	启动试验
	水流指示器	试验报警
	室外阀门井中控制阀门	检查开启状况

续表

周期	部位	检查内容
年检	泵流量检测	启动、放水试验
	水源	测试供水能力
	水泵接合器	通水试验
	储水设备	检查完好状态
	系统联动试验	系统运行功能

2) 系统的保养内容及要求

湿式、干式自动喷水灭火系统组件保养的内容见表3.2.2。

表 3.2.2　湿式、干式自动喷水灭火系统组件的保养

保养对象	检查要求	保养方法
报警阀组	报警阀、水力警铃、压力开关等组件的外观和功能，报警阀阀瓣密封垫、阀座及报警孔的完好情况	(1)最低气温低于5 ℃前，应检修湿式系统保温、采暖或电伴热措施，放空干式、雨淋、预作用系统管网余水，必要时使用压缩空气吹扫 (2)每月清理压力表表盘，旋动压力表三通旋塞阀放水冲洗1～2次后，观察压力表示值的变化 (3)每月全开全闭1次报警阀水源侧控制阀、试验警铃阀、放水阀、紧急启动阀、复位阀、注水阀、截止阀，各阀门应正常 (4)每季度紧固报警阀组法兰处的连接螺栓，在外露螺纹处施涂润滑脂 (5)每半年至少清理全部过滤器1次，疏通延迟器小孔接口等组件，确保其畅通 (6)每年清洗雨淋阀防复位器，清除阀体内水垢，使阀芯动作灵活、各节流孔保持畅通，如○型圈老化、黏结，应予以更换
阀门保养	系统上所有控制阀门和室外阀门井中的控制阀门外观和启闭状态	(1)每年紧固信号阀支架和法兰连接处的螺栓，并在外露螺纹处施涂润滑脂 (2)每季度清洁信号阀外观，必要时除锈、补漆 (3)每月对全部信号阀进行不少于2次的全开全闭操作，并在外露螺纹处施涂润滑脂，如启闭困难则应先使用润滑剂、除锈剂等处理，仍无效时应予以更换 (4)每季度在阀门阀杆螺纹及传动机构等处施加润滑脂，并启闭1～2次

续表

保养对象	检查要求	保养方法
管道保养	供水管道、分区配水管道外观,过滤器状态	(1)管道及附件外观应完好、无损伤,管道接头无渗漏、锈蚀 (2)外表漆面或色环正确,无脱落 (3)系统和水流方向标识清晰 (4)支架、吊架完好,无扭曲、脱落 (5)过滤器状态完好
喷头保养	喷头外观与周围环境	(1)每月检查喷头外观,其不应被异物遮挡或悬吊,喷头热敏元件不应被污染 (2)每月检查喷头周围环境,在设计的喷水范围内其不应被严重遮挡
水流指示器保养	水流指示器的外观和功能	(1)水流指示器的外观完好,标识明显 (2)水流指示器的启动与复位灵敏、可靠,反馈信号准确
试验装置保养	系统末端试水装置、楼层试水阀门等阀门外观和启闭状态、压力表监测情况	(1)末端试水装置(试水阀)应外观完好,无锈蚀、渗漏 (2)压力表铅封完好,表盘、指针无损伤 (3)末端试水各项测试功能应正常

任务书

(1)对系统阀门进行检查,排查是否存在漏水、锈蚀等情形;对实训室内的明杆闸阀进行润滑处理。

(2)对系统管道进行检查,排查是否存在漏水、锈蚀等情形;对实训室内管道系统的过滤器进行拆洗。

(3)按照表3.2.2的要求对报警阀组、水流指示器和实验装置进行保养。

(4)记录检查测试情况。

实训技能评价标准

本任务实训技能评价表见表3.2.3。

表3.2.3　湿式、干式自动喷水灭火系统保养任务评分标准

序号	内容	评分标准	配分/分	扣分/分	得分/分
1	阀门、管道的保养	能够按照实训步骤正确保养阀门、管道	30		
2	报警阀组的保养	能够按照实训步骤正确保养报警阀组	30		
3	水流指示器、实验装置的保养	能够按照实训步骤正确保养水流指示器、实验装置	30		
4	记录表的填写	正确填写建筑消防设施维护保养记录表	10		

思考题

（1）查阅相关资料，总结湿式报警阀组的常见故障及处理方法。

（2）查阅相关资料，总结湿式、干式报警阀出现漏水故障的常见原因。

任务 2.2 预作用与雨淋自动喷水灭火系统的保养

实训情境描述

预作用与雨淋自动喷水灭火系统是自动喷水灭火系统中的重要系统之一。本次实训任务是基于消防设施操作员的具体工作过程，让学生结合日常检查与巡检，学习预作用与雨淋自动喷水灭火系统的维护和保养。

实训目标

通过教学情境，学生能熟练掌握预作用报警装置、雨淋报警阀组、空气维持装置和排气装置的保养技能。

实训工器具

（1）设备：预作用与雨淋自动喷水灭火系统、专用扳手。

（2）文件：设备说明书、调试手册、图样等技术资料。

（3）耗材：建筑消防设施维护保养记录表、签字笔等。

实训知识储备

详见项目三单元2的任务2.1。

任务书

1）保养预作用报警装置

（1）做好防误动措施。

根据维护保养的需要，将设备处于手动状态，做好防止误动作的措施。

（2）外观检查。

①检查报警阀组的标志牌是否完好、清晰，阀体上水流指示永久性标识是否易于观察、与水流方向是否一致。

②检查报警阀组的组件是否齐全，表面有无裂纹、损伤等现象。

③检查报警阀组是否处于准工作状态，观察其组件有无漏水等情况。

④检查报警阀组设置场所的排水设施有无排水不畅或者积水等情况。

⑤检查预作用报警装置的火灾探测传动、液（气）动传动及其控制装置、现场手动控制装置的外观标志有无磨损、模糊等情况。

（3）清洁保养。

①检查预作用报警阀组过滤器的使用性能，清洗过滤器并重新安装到位。

②检查主阀以及各个部件外观，及时清除污渍。

③检查主阀锈蚀情况，及时除锈，保证各部件连接处无渗漏现象，压力表读数准确，水力警铃动作灵活、声音洪亮，排水系统排水畅通。

（4）记录维护保养的实际情况，规范填写建筑消防设施维护保养记录表。

2）保养雨淋报警阀组

（1）做好防误动措施。

根据维护保养的需要，将设备处于手动状态，做好防止误动作的措施。

（2）外观检查。

①检查报警阀组的标志牌是否完好、清晰，阀体上水流指示永久性标识是否易于观察、与水流方向是否一致。

②检查报警阀组组件是否齐全，表面有无裂纹、损伤等现象。

③检查报警阀组是否处于伺应状态，观察其组件有无漏水等情况。

④检查报警阀组设置场所的排水设施有无排水不畅、积水等情况。

（3）清洁保养。

①检查雨淋报警阀组过滤器的使用性能，清洗过滤器并重新安装到位。

②检查主阀以及各个部件外观，及时清除污渍。

③检查主阀锈蚀情况，及时除锈，保证各部件无锈蚀。

④连接处无渗漏现象，压力表读数准确，水力警铃动作灵活，声音响亮，排水系统排水畅通。

（4）记录维护保养的实际情况，规范填写建筑消防设施维护保养记录表。

3）保养空气维持装置

（1）外观检查。

预作用报警装置的充气设备及其控制装置的外观标志有无磨损、模糊等情况，相关设备及其通用阀门是否处于工作状态。

（2）清洁保养。

①检查空气压缩机的空气滤清器，并将油池内的积污清除，补充新的润滑油，必要时清洗过滤网。

②检查空气压缩机内排气通道、储气罐及排气管系统，并清除内部积炭及油污。

（3）记录维护保养的实际情况，规范填写建筑消防设施维护保养记录表。

4）保养排气装置

（1）外观检查。

检查预作用报警装置的排气装置及其控制装置的外观标志有无磨损、模糊等情况，相关设备及其通用阀门是否处于工作状态。

（2）清洁保养。

①检查排气阀的排气孔是否堵塞，及时将排气孔清理干净。

②检查电磁阀，及时清洗阀内外及衔铁吸合面的污物。

（3）填写记录。

根据维护保养的实际情况，规范填写建筑消防设施维护保养记录表。

实训技能评价标准

本任务实训技能评价表见表 3.2.4。

表 3.2.4　预作用与雨淋自动喷水灭火系统保养任务评分标准

序号	内容	评分标准	配分/分	扣分/分	得分/分
1	保养预作用报警装置	能够按照实训步骤，正确保养预作用报警装置	20		
2	保养雨淋报警阀组	能够按照实训步骤，正确保养雨淋报警阀组	20		
3	保养空气维持装置	能够按照实训步骤，正确保养空气维持装置	20		
4	保养排气装置	能够按照实训步骤，正确保养排气装置	20		
5	记录表的填写	正确填写建筑消防设施维护保养记录表	20		

思考题

（1）查阅相关资料，说明预作用自动喷水灭火系统的使用场所。

（2）查阅相关资料，说明雨淋自动喷水灭火系统的使用场所。

任务 2.3　消防泵组及电气控制柜的保养

实训情境描述

消防泵组是消防水系统的核心，其主要功能是维持消防水系统在灭火时所需的流量和压力。在日常运行中，需对消防泵组及电气控制系统进行日常的保养，以保证其处丁良好的工作状态，并在火灾发生时能够及时地启动供水。本次实训任务是基于消防设施操作员的具体工作过程，让学生学习消防水泵组及其控制柜的保养方法。

实训目标

通过教学情境，学生能了解消防泵组及电气控制柜的保养要求，能掌握相关保养方法。

实训工器具

（1）设备：自动喷水灭火系统的消防泵组及电气控制柜。
（2）文件：设备说明书、调试手册、图样等技术资料。
（3）耗材：建筑消防设施维护保养记录表、签字笔等。

实训知识储备

1）消防泵组及电气控制柜的保养

见表3.2.5。

表 3.2.5　消防泵组及电气控制柜保养项目及要求

保养项目	保养要求
控制柜工作环境	（1）工作环境良好，无积灰和蛛网，无杂物堆放 （2）防淹没措施完好 （3）设有自动防潮除湿装置的，工作状态应正常
控制柜外观	（1）柜体表面整洁，无损伤和锈蚀，柜门启闭正常、无变形 （2）所属系统及编号标识完好、清晰 （3）仪表、指示灯、开关、按钮状态正常，标识正确，活动部件运转灵活、无卡滞 （4）箱内无积尘和蛛网，电气原理图完好，粘贴牢固
控制柜电气部件	（1）排线整齐，线路表面无老化、破损 （2）连接牢靠，无松动、脱落 （3）接线处无打火、击穿和烧蚀 （4）电气元器件外观完好，指示灯等指（显）示正常，接地正常
控制柜功能	（1）控制柜平时应处于自动状态 （2）手动/自动转换、主/备电切换功能正常，机械应急启动功能正常，手动和联动启泵功能正常，手动停泵功能正常 （3）主/备泵互换功能正常 （4）启停过程中控制柜各电器动作顺序正确，工作和故障状态指（显）示正常，信号反馈功能正常
泵组	（1）组件齐全，泵体和电动机外壳完好，无破损、锈蚀 （2）设备铭牌标志清晰 （3）叶轮转动灵活，无卡滞 （4）润滑油充足，泵体、泵轴无渗水、砂眼 （5）电动机绝缘正常，接地良好，紧固螺栓无松动，电缆无老化、破损和连接松动 （6）消防水泵运转正常，无异常震动或声响

2)消防泵组及电气控制柜的检查周期与内容

见表3.2.6。

表3.2.6　消防泵组及电气控制柜的检查周期与内容

检查项目	检查周期	检查内容
消防泵组	每日	对稳压泵的停泵启泵压力和启泵次数等进行检查,记录其运行情况
		对柴油机消防水泵启动电池的电量进行检测
	每周	每周应模拟消防水泵自动控制的条件,自动启动消防水泵运转一次并记录自动启动情况
	每月	每月应手动启动消防水泵运转一次,并检查供电电源的情况
		每月对气压水罐的压力和有效容积等进行一次检测
	每季度	每季度应对消防水泵的出流量和压力进行一次试验

任务书

(1)检查现场工作环境,检查防淹没措施和自动防潮除湿装置的完好有效性及其工作状态,及时进行清扫、清理和维修(根据实训室情况自行选择)。

(2)查看控制柜外观和标识情况,通过仪表、指示灯、开关位置查看控制柜当前工作状态,做好控制柜外观的保洁、除锈、补漆、补正工作。

(3)断开控制柜总电源,检查各开关、按钮的动作情况。

(4)检查控制柜柜门的启闭情况,检查柜内电气原理图、接触器、熔断器、继电器等电气元器件的完好情况和线路连接情况,查看有无老化、破损、松动、脱落和打火、烧蚀现象,紧固各电气接线接点和接线螺钉,查看、测试接地情况。做好控制柜内的保洁、维修、更换工作。

(5)检查消防泵组外观,应无锈蚀,无漏水、渗水等情况;检查消防水泵及水泵电动机标识,标识应清楚,铭牌应清晰,必要时应进行擦拭、除污、除锈、喷漆及重新张贴。

(6)消防泵组应安装牢固,紧固螺栓无松动;检查电气接地情况,应安装牢固,必要时应进行固定。

(7)测量电动机、电缆的绝缘和接地电阻,查看电缆老化和破损情况,及时进行维修和更换。

(8)对泵体中心轴进行盘动,对泵体盘根填料进行检查或更换,根据产品说明书的要求检查或更换对应等级的润滑油。

(9)合上控制柜总电源进行功能测试,对发现的问题及时进行检修。

(10)根据维护保养的实际情况,规范填写建筑消防设施维护保养记录表。

实训技能评价标准

本任务实训技能评价表见表3.2.7。

表 3.2.7　消防泵组及电气控制柜保养任务评分标准

序号	内容	评分标准	配分/分	扣分/分	得分/分
1	消防泵组及电气控制柜的保养	能够正确按照任务书步骤进行消防泵组及电气控制柜的保养	70		
2	记录表的填写	正确填写建筑消防设施维护保养记录表	30		

思考题

(1)查阅相关资料,总结消防泵组及电气控制柜的常见故障及处理方法。

(2)查阅相关资料,分析自动喷水灭火系统消防水泵在运行时出水管无压力的可能原因。

单元 3　检测自动喷水灭火系统

任务 3.1　湿式、干式自动喷水灭火系统的工作压力和流量检测

实训情境描述

自动喷水灭火系统需在运行时满足设计的水压和流量。在不破坏喷头的前提下,进行水压和流量测试是判断系统是否满足要求的重要手段。本次实训任务是基于消防设施操作员的具体工作过程,让学生学习湿式、干式自动喷水灭火系统的工作压力和流量检测。

实训目标

通过教学情境,学生能了解湿式、干式自动喷水灭火系统的工作压力和流量的测试途径;能掌握常用压力、流量检测工具的操作方法,以及湿式、干式自动喷水灭火系统的工作压力和流量检测的方法。

实训工器具

(1)设备:湿式、干式自动喷水灭火系统,火灾自动报警和联动控制系统,秒表或计时器、对讲机等。

(2)文件:设备说明书、调试手册、图样等技术资料。

(3)耗材:建筑消防设施检测记录表、签字笔等。

实训知识储备

自动喷水灭火系统可设置专用测试回路以测试系统的工作压力和流量,但是并非所有系统均会设置,本节选取未设置专用测试回路的系统进行工作压力和流量的测试。

1)湿式、干式自动喷水灭火系统报警阀的测试内容与步骤

(1)报警阀组共性检测要求(表3.3.1)。

表3.3.1　共性检测

检测内容及要求	检测的操作步骤
外观标志+注明系统名称和保护区域+压力表显示符合设定值	查看外观标识和压力表状况;查看并记录、核对其压力值
各类控制阀全开+锁具固定手轮+有明显的启闭标志;信号阀反馈信号正确;测试管路放水阀关闭,报警阀组处于伺应状态	逐项进行现场检查
组件灵敏可靠;消防控制设备准确接收压力开关动作的反馈信号	打开报警阀组测试管路放水阀,查看压力开关、水力警铃等动作的反馈信号情况

(2)湿式报警阀组的检测(表3.3.2)。

表3.3.2　湿式报警阀组的检测

检测内容及要求	检测操作步骤
①开启末端试水装置,出水压力不低于0.05 MPa,水流指示器、湿式报警阀、压力开关动作	查看外观标识和压力表状况,查看并记录、核对其压力值
②报警阀动作后,测量水力警铃声强值不得低于70 dB	检查系统控制阀,查看锁具或者信号阀及其反馈信号;检查报警阀组报警管路、测试管路,查看其控制阀门、放水阀等的启闭状态
③开启末端试水装置后5 min内,消防水泵自动启动	打开报警阀组测试管路放水阀,查看压力开关、水力警铃等动作的反馈信号情况

（3）干式报警阀组的检测（表3.3.3）。

表3.3.3　干式报警阀组的检测

检测内容及要求	检测操作步骤
①开启末端试水装置,报警阀组、压力开关动作,联动启动排气阀入口的电动阀和消防水泵,水流指示器报警功能	①缓慢开启气压控制装置试验阀,小流量排气;空气压缩机启动后,关闭试验阀,查看空气压缩机的运行情况并核对其启、停压力 ②开启末端试水装置控制阀,查看内容同上并记录压力表的变化情况
②水力警铃报警,水力警铃声强值不得低于70 dB	③查看消防控制设备、排气阀等,检查水流指示器、压力开关、消防水泵、排气阀入口的电动阀等动作及其信号反馈情况,以及排气阀的排气情况
③开启末端试水装置1 min后,其出水压力不得低于0.05 MPa	④从末端试水装置开启时计时,测量末端试水装置出水压力达到0.05 MPa的时间
④消防控制设备准确显示水流指示器、压力开关、电动阀及消防水泵的反馈信号	⑤按照湿式报警阀组的要求测量水力警铃声强值 ⑥关闭末端试水装置,系统复位,恢复到工作状态

2）常用压力、流量检测工具的使用方法

（1）仪表的识读方法。

常见的仪表有表盘指针式和数字式两种。数字式仪表显示直观,读取较为方便,但由于其造价较高,目前使用较多的产品为表盘指针式。以如图3.3.1所示的表盘指针式压力表为例,其识读方法如下:

该压力表量程为0～1.6 MPa,最大允许误差为0.0 256 MPa。从压力表的刻度面板看,其最小刻度（即每一小格）为0.05 MPa,最小刻度间只能通过目测估算。

图3.3.1　表盘指针式压力表

（2）便携式超声波流量计的使用方法。

便携式超声波流量计如图3.3.2所示。以供水干管作为测量对象,其使用方法如下:

①开启流量计主机。

②输入或选择管道外径、内径、管道材质、流体类型、探头安装方式等。

③清洁测点处管道,在探头处涂抹凡士林,按选择的安装方式安装探头,并根据流量计主

机显示的安装间距调整好探头位置,随后将其捆扎牢固。

④连接探头与主机,连接时注意流体流动方向的上、下游区分与对应。

⑤选择一段消防管道,启动消防水泵。

⑥测量并记录流量计的稳定读数。

⑦停止消防水泵,关闭测试管路,使系统恢复正常运行状态。

⑧终止测量,清洁并整理测量仪器。

由于生产厂家和产品型式不同,超声波流量计的使用方法存在一定的差异,应根据其产品说明书进行操作。

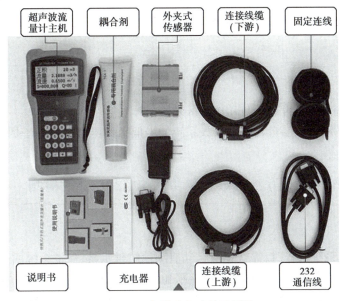

图 3.3.2　便携式超声波流量计

任务书

以未设有专用测试管路的湿式自动喷水灭火系统为例,其系统工作压力和流量测试操作如下:

(1)检查确认消防泵组电气控制柜处于"自动"运行状态。

(2)检查系统管网上阀门状态是否正确。

(3)选择在末端试水装置前管段安装便携式超声波流量计。

(4)打开末端试水装置,按下秒表或计时器开始计时。

(5)分步骤观察水力警铃报警、消防水泵启动、测试管路压力表和流量计的读数变化情况,分别记录水力警铃报警和消防水泵启动的时间。

(6)读取测试管路压力表和流量计的稳定读数。

(7)手动停止消防水泵,关闭测试管路控制阀,在水力警铃铃声停止后,复位火灾自动报警系统和消防泵组电气控制柜,使系统恢复到工作状态。

(8)结合系统设计文件进行校核,记录系统检测情况。

实训技能评价标准

本任务实训技能评价表见表3.3.4。

表3.3.4　湿式、干式自动喷水灭火系统的工作压力和流量检测任务评分标准

序号	内容	评分标准	配分/分	扣分/分	得分/分
1	工作压力测定	能够按照实训步骤正确检测系统的工作压力	40		
2	流量测定	能够按照实训步骤正确检测系统的流量	40		
3	记录表的填写	能够准确填写建筑消防设施检测记录表	20		

思考题

(1)查阅相关资料,思考静压与动压的区别。

(2)查阅相关资料,说明自动喷水灭火系统的最低工作压力是动压还是静压。

任务3.2　自动喷水灭火系统连锁控制和联动控制功能的检测

实训情境描述

自动喷水灭火系统工作时,需快速地自动启动消防供水泵,保证系统的正常工作压力和用水量,在日常运行中,需重点关注系统连锁控制和联动控制水泵的可靠性。本次实训任务是基于消防设施操作员的具体工作过程,让学生学习连锁控制和联动控制功能的检测。

实训目标

学生通过教学情境,了解湿式、干式自动喷水灭火系统的连锁控制和联动控制功能要求;熟练掌握湿式、干式自动喷水灭火系统连锁控制和联动控制功能的检测方法。

实训工器具

(1)设备:自动喷水灭火系统、火灾自动报警系统。

(2)文件:设备说明书、调试手册、图样等技术资料。

(3)耗材:建筑消防设施检测记录表、签字笔等。

实训知识储备

1)湿式、干式自动喷水灭火系统的控制功能要求

根据系统是否通过火灾自动报警控制器启动,可将系统的启动方式分为连锁控制与联动控制。同时消防水泵还应具有消防控制室远程控制和消防水泵房现场应急操作的功能。

（1）连锁控制。

根据《自动喷水灭火系统设计规范》（GB 50084—2017）规定：湿式系统、干式系统应由消防水泵出水干管上设置的压力开关、高位消防水箱出水管上的流量开关和报警阀组压力开关直接自动启动消防水泵，如图3.3.3所示。

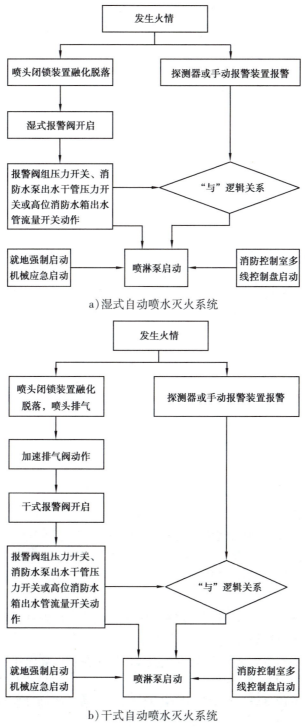

a）湿式自动喷水灭火系统

b）干式自动喷水灭火系统

图3.3.3　消防水泵启动连锁控制原理

（2）联动控制。

根据《自动喷水灭火系统设计规范》（GB 50084—2017）规定：湿式系统、干式系统中需要火灾自动报警系统联动控制的消防设备，其联动触发信号应采用两个独立的报警触发装置报警信号的"与"逻辑组合。

对于湿式、干式自动喷水灭火系统，消防联动控制器在收到报警阀组压力开关发出的反馈信号和该报警阀防护区内任一火灾探测器或手动火灾报警按钮的信号后能发出启泵信号，该种控制方式受消防联动控制器处于"自动"或"手动"状态的影响。联动控制不应影响连锁控制的功能。联动控制逻辑如图3.3.3所示。

（3）消防控制室远程控制和消防水泵房现场应急操作。

详见项目二"室内外消火栓系统"。

表3.3.5为湿式系统和干式系统控制系统的控制方式总结。

表3.3.5　湿式系统和干式系统的控制方式总结

控制方式	详细内容
连锁与联动控制	湿式系统、干式系统应由消防水泵出水干管上设置的压力开关、高位消防水箱出水管上的流量开关和报警阀组压力开关直接自动启动消防水泵
	联动控制不应受消防联动控制器处于自动或手动状态的影响
手动控制	应将喷淋消防水泵控制箱（柜）的启动、停止按钮用专用线路直接连接至设置在消防控制室内的消防联动控制器的手动控制盘上，直接手动控制喷淋消防水泵的启动、停止
	消防水泵房现场应急操作
信号反馈	消防控制室应能显示水流指示器、压力开关、信号阀、消防水泵、消防水池及水箱水位、有压气体管道气压，以及电源和备用动力等是否处于正常状态的反馈信号，应能控制消防水泵、电磁阀、电动阀等的操作

2）连锁控制与联动控制的测试方法

（1）连锁控制的测试方法。

通过开启末端试水装置、报警阀泄水阀或专用测试管路等方式模拟喷头动作，使报警阀在压差作用下开启，压力水流入报警管路，压力开关动作后直接启动消防水泵；也可通过开启警铃试验阀，直接驱动压力开关动作并连锁启动消防水泵。

（2）联动控制的测试方法。

①通过开启末端试水装置、报警阀泄水阀、警铃试验阀、专用测试管路或报警阀压力开关、输入模块模拟等方式产生报警阀压力开关动作信号。

②通过使用火灾探测器测试装置，触发该报警阀所在防护区域内任一火灾探测器；或启动任一手动火灾报警按钮，产生报警信号。

③在接到上述两个信号后，当处于自动控制状态时，消防联动控制器发出消防水泵启动信号。

任务书

以湿式自动喷水灭火系统为例,其连锁控制与联动控制的功能测试操作如下。

(1)检查确认消防泵组电气控制柜处于自动运行状态,火灾自动报警系统联动控制为"自动允许"状态。

(2)缓慢打开末端试水装置至全开,观察压力开关连锁启动消防水泵的情况和消防控制室相关指示信息。

(3)调整消防泵组电气控制柜为手动运行状态,手动停止消防水泵的运行,关闭末端试水装置,复位火灾自动报警系统。

(4)打开警铃试验阀,并触发该报警阀所在防护区域内任一手动火灾报警按钮,使其产生报警信号。

(5)在消防控制室观察联动启动消防水泵命令发出和相关信号反馈情况,并与步骤(2)所观察到的相关指示信息进行比对。

(6)关闭警铃试验阀,复位手动火灾报警按钮,复位火灾自动报警系统。

(7)调整消防泵组电气控制柜为自动运行状态,使自动喷水灭火系统恢复正常运行状态。

(8)记录测试情况。

实训技能评价标准

本任务实训技能评价表见表3.3.6。

表3.3.6 自动喷水灭火系统的连锁控制和联动控制功能检测任务评分标准

序号	内容	评分标准	配分/分	扣分/分	得分/分
1	连锁控制的测试	能够按照实训步骤,正确进行连锁控制的测试	40		
2	联动控制的测试	能够按照实训步骤,正确进行联动控制的测试	40		
3	记录表的填写	能够准确填写建筑消防设施检测记录表	20		

思考题

(1)查阅相关资料,总结常见的连锁控制故障及处理方法。

(2)查阅相关资料,总结常见的联动控制故障及处理方法。

项目四
建筑防烟、排烟系统

单元1　巡检建筑防烟、排烟系统

任务1.1　判断防烟、排烟系统的工作状态

实训情境描述

合理设置防烟、排烟系统,可以及时排除烟气,保障建筑内人员的安全疏散和消防救援活动的展开。在日常运行中,需根据设计和规范要求,正确设置防烟、排烟系统的工作状态。本次实训任务是基于消防设施操作员的具体工作过程,让学生学习如何判断防烟、排烟系统的工作状态。

实训目标

通过教学情境,学生能了解防烟、排烟系统的分类与主要组成;能熟练掌握防烟、排烟系统的工作状态的检查、判断方法。

实训工器具

(1)设备:建筑防烟系统、建筑排烟系统、火灾自动报警系统。
(2)文件:设备说明书、调试手册、图样等技术资料。
(3)耗材:建筑消防设施检测记录表、签字笔等。

实训知识储备

1)防烟系统的分类与组成

(1)防烟系统的分类。

防烟系统是指通过采用自然通风的方式,防止火灾烟气在楼梯间、前室、避难层(间)等空间内积聚;或通过采用机械加压送风的方式,阻止火灾烟气侵入楼梯间、前室、避难层(间)等空间的系统。防烟系统分为自然通风系统和机械加压送风系统,本任务主要介绍机械加压送

风系统。

（2）机械加压送风系统的组成。

机械加压送风系统主要由送风机、风道、送风口和以及电气控制柜等组成。

①送风机。

机械加压送风机宜采用轴流风机或中、低压离心风机，轴流风机和箱式离心风机如图4.1.1所示。

a）轴流风机　　　　　　　　b）箱式离心风机

图4.1.1　送风机

②风道。

风道应采用不燃材料制作，且宜优先采用光滑管道，不宜采用土建井道。风道如图4.1.2所示。

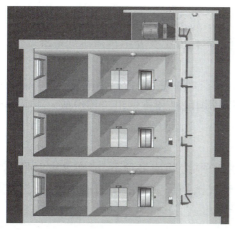 

a）构造示意图　　　　　　　　b）实景图

图4.1.2　风道

③送风口。

送风口分为常开式、常闭式和自垂百叶式。常开式送风口即普通的固定叶片式百叶风口；常闭式送风口采用手动或电动开启，常用于前室或合用前室；自垂百叶式送风口平时靠百叶重力自行关闭，加压时自行开启，常用于防烟楼梯间。送风口如图4.1.3所示。

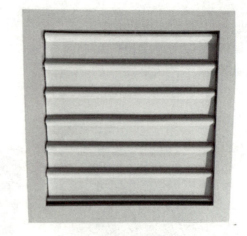

a）常闭式送风口   b）自垂百叶式送风口

图4.1.3　送风口

④电气控制柜。

电气控制柜用于系统运行状态指示、运行模式切换、风机现场启（停）控制、接收消防联动控制器控制指令和反馈风机工作状态等。

2）排烟系统的分类与组成

（1）排烟系统的分类。

排烟系统是指采用自然排烟或机械排烟的方式，将房间、走道等空间的火灾烟气排至建筑物外的系统，分为自然排烟系统和机械排烟系统。本任务主要介绍机械排烟系统。

（2）机械排烟系统的组成。

机械排烟系统主要由挡烟壁（活动式或固定式挡烟垂壁，或者挡烟隔墙、挡烟梁）、排烟防火阀、排烟阀（或带有排烟阀的排烟口）、排烟道、排烟风机和排烟出口等组成。下面介绍挡烟垂壁、排烟防火阀和排烟阀。

①挡烟垂壁。

挡烟垂壁是用不燃材料制成，垂直安装在建筑顶棚、梁或吊顶下，能在火灾时形成一定蓄烟空间的挡烟分隔设施。按安装方式可分为固定式挡烟垂壁和活动式挡烟垂壁；按挡烟部件的刚度性能可分为柔性挡烟垂壁和刚性挡烟垂壁。

②排烟防火阀。

排烟防火阀是安装在机械排烟系统的管道上，平时呈开启状态，火灾时当排烟管道内烟气温度达到280 ℃时关闭，并在一定时间内能满足漏烟量和耐火完整性要求。起隔烟阻火作用的阀门一般由阀体、叶片、执行机构和温感器等部件组成，如图4.1.4所示。

a)现场安装图　　　　　　　　　　　　b)实物图

图4.1.4　排烟防火阀

③排烟阀。

排烟阀是安装在机械排烟系统各支管端部(烟气吸入口)处,平时呈关闭状态并满足漏风量要求,火灾时可手动和电动启闭,起排烟作用的阀门,一般由阀体、叶片、执行机构等部件组成。

排烟口是一种带有装饰口或进行过装饰处理的排烟阀,是机械排烟系统中烟气的入口,通常设置在防烟分区内需要排烟的走道、房间的顶棚或靠近顶棚的墙面上,一般常采用板式排烟口和多页排烟口,如图4.1.5所示。

a)板式排烟口　　　　　　　　　　　　b)多页排烟口

图4.1.5　排烟口

3)防烟、排烟系统各组件的正常工作状态

机械防烟、排烟系统的工作状态由构成系统的各组件的工作状态决定。系统主要组件的正常工作状态详见表4.1.1。

表4.1.1 正常状态下系统主要组件的工作情况

组件	工作情况
风机及控制柜	风机及控制柜外观完好,组件齐全,有关系统名称和编号的标识牢固、清晰、正确 正压送风机新风入口不应受到烟火威胁,排烟出口周围不应布置有可燃物;风机安装气流方向正确,启停功能正常,风机运转无异常振动或声响;风机驱动装置的外露部位防护完好 风机控制柜仪表指示灯显示正常,手/自动转换装置外观完好,转换过程灵活,无卡滞,状态位置指示清晰无误;主、备电源切换功能正常,供电状态指示正确
送风(排烟)管道	风管表面平整,无变形损坏风管与风机、风管与风管之间的连接牢固、严密,无损坏、脱落 风管穿越隔墙处的缝隙,防火封堵完好;排烟管道隔热材料应为不燃材料,且与可燃物保持不小于150 mm的距离 排烟支管上以及排烟管道在穿越防火分区、排烟机房的隔墙处排烟防火阀安装到位 风管吊架支撑牢固,在各种工况下均无晃动
送风(排烟)口	送风(排烟)口的设置位置、型式、数量与消防技术资料一致风口外观完整,组件齐全,固定牢靠,无变形、损坏、松动 风口边框与建筑装饰面贴合严密,远程控制执行器安装高度便于人员操作,一般距离地面0.8～1.5 m,操作标识应清晰、正确 防烟楼梯间、前室防火门完好有效,余压值及疏散门门洞断面风速符合设计要求;风口启闭状态正确(自然通风口平时为开启状态,正压送风口前室为常闭状态,楼梯间为常开状态,排烟口为常闭状态) 执行机构组件齐全、外观完好 手动、自动开启、复位功能正常,风口启闭过程中无明显晃动和异常声响 动作信号反馈正常、自然,排烟口设置位置和排烟面积符合规定要求 电动排烟窗的启闭状态和功能正常,信号反馈正常
排烟防火阀	排烟防火阀设置位置及所在墙体的耐火完整性符合规定要求 排烟防火阀外观完整,无变形、损坏;产品标识清晰,安装方向与排烟方向一致 执行机构操作灵活,无卡滞和阻碍 排烟防火阀关闭和复位功能正常,连锁停止排烟风机功能正常,启闭过程中无明显晃动
其他	储烟仓围护结构完好、无破损 活动式挡烟垂壁控制功能正常 设有补风系统的,联动启动功能正常,补风口风速符合设计要求 火灾自动报警系统显示和控制功能正常

任务书

1）检查判断防烟、排烟系统风机及电气控制柜的工作状态

（1）检查送风系统进风口和排烟系统排烟出口处工作环境。

（2）检查防烟（排烟）风机组件的齐全性和外观完整性、系统和组件标识.

（3）检查电气控制柜的供电状态,测试和主/备电切换、手/自动切换功能、手/自动转换开关平时应处于自动位置。

（4）测试风机手动启停功能。

2）检查判断防烟、排烟系统管道的工作状态

（1）检查风管外观和连接部件的完整性。

（2）检查管道穿越隔墙处的缝隙及防火封堵情况,检查排烟管道隔热材料以及与可燃物之间的距离。

（3）检查垂直风管与每层水平风管交接处的水平管段上、一个排烟系统负担多个防烟分区的排烟支管上、排烟风机入口处及管道穿越防火分区处排烟防火阀的设置和安装情况。

3）检查判断排烟防火阀的工作状态

（1）检查排烟防火阀组件的齐全性和外观完整性。

（2）检查排烟防火阀的产品标识和安装方向。

（3）检查排烟防火阀的当前启闭状态。

（4）测试排烟防火阀的现场关闭功能和复位功能。

4）检查判断送风（排烟）口的工作状态

（1）检查送风（排烟）口组件的齐全性和外观完整性。

（2）测试送风（排烟）口的安装质量。

（3）检查板式排烟口远程控制执行器（也称"远距离控制执行器",以下简称"远控执行器"）的设置情况。

（4）检查远控执行器的手动操控性能和信号反馈情况。

5）记录系统检查情况

实训技能评价标准

本任务实训技能评价表见表4.1.2。

表 4.1.2　判断防烟、排烟系统的工作状态任务评分标准

序号	内容	评分标准	配分/分	扣分/分	得分/分
1	检查判断防烟、排烟系统风机及其控制柜的工作状态	能够按照实训步骤,正确进行对防烟、排烟系统各组件工作状态的检查与判断	20		
2	检查判断防烟、排烟系统管道的工作状态		20		
3	检查判断排烟防火阀的工作状态		20		
4	检查判断送风(排烟)口的工作状态		20		
5	记录系统检查情况	能够准确填写建筑消防设施检测记录表	20		

思考题

(1)查阅相关资料,编制教学楼防烟、排烟系统巡检方案。

(2)查阅相关资料,说明建筑防烟系统与建筑排烟系统的主要功能及区别。

单元 2　操作建筑防烟、排烟系统

任务 2.1　手动操作防烟、排烟系统

实训情境描述

　　防烟、排烟系统的工作启动,需要先期火灾判定。火灾判定一般是根据火灾自动报警系统的逻辑设定,在探测器工作后确认火灾;但当火灾最先为人工发现时,工作人员应当能够手动操作防烟、排烟系统。本次实训任务是基于消防设施操作员的具体工作过程,让学生学习如何手动操作防烟、排烟系统。

实训目标

　　学生通过教学情境,了解防烟、排烟系统的工作原理与操作、控制方式;掌握加压送风口、挡烟垂壁、排烟阀等系统组件的手动操作方法;熟练掌握风机电气控制柜工作状态调整的方法和风机的启停方法。

实训工器具

　　(1)设备:建筑防烟系统、建筑排烟系统、火灾自动报警系统。

　　(2)文件:系统设计文件、产品使用说明书。

(3)耗材:建筑消防设施巡查记录表、签字笔等。

实训知识储备

1)防烟、排烟系统的工作原理

(1)防烟系统。

本次任务主要介绍机械加压送风系统。采取机械加压送风方式的防烟系统是通过送风机送风,使需要加压送风部位(如防烟楼梯间、消防前室等)的压力大于周围环境的压力,以阻止火灾时烟气侵入楼梯间、前室、避难层(间)等空间。为保证疏散通道不受烟气侵害、人员能够安全疏散,发生火灾时加压送风应做到:防烟楼梯间压力>前室压力>走道压力>房间压力(即第一安全分区>第二安全分区>第三安全分区>第四安全分区),其中前室、封闭避难层(间)与走道之间的压差应为25~30 Pa,楼梯间与走道之间的压差应为40~50 Pa,当系统余压值超过最大允许压力差时应采取泄压措施。防烟系统的安全分区如图4.2.1所示。

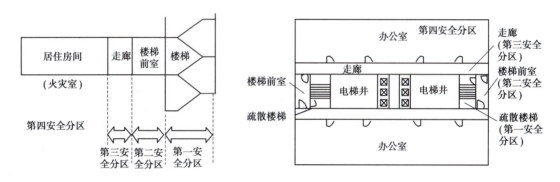

图4.2.1 防烟系统的安全分区

(2)排烟系统。

排烟系统主要有自然排烟系统和机械排烟系统两种。自然排烟系统是利用火灾产生的热烟气流的浮力和外部风力的作用,通过房间、走道的开口部位把烟气排至室外。机械排烟是通过排烟机抽吸,使排烟口附近压力下降,形成负压,进而将烟气通过排烟口、排烟管道、排烟风机等排出室外。排烟系统的原理如图4.2.2所示。

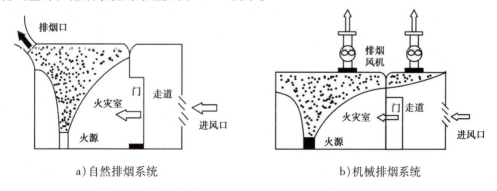

a)自然排烟系统　　　　　　　b)机械排烟系统

图4.2.2 排烟系统

2) 防烟、排烟系统控制

(1) 防烟系统(表4.2.1)。

表4.2.1　防烟系统控制的要求

控制方式	详细内容
联动控制	通过火灾自动报警系统自动启动(应由加压送风口所在防火分区内的两只独立的火灾探测器或一只火灾探测器与一只手动火灾报警按钮的报警信号,作为送风口开启和加压送风机启动的联动触发信号,并应由消防联动控制器联动控制相关层前室等需要加压送风场所的加压送风口开启和加压送风机启动)
	系统中任一常闭加压送风口开启时,加压送风机应能自动启动
	当防火分区内火灾确认后,应能在15 s内联动开启常闭加压送风口和加压送风机,并应符合下列规定: ①应开启该防火分区楼梯间的全部加压送风机 ②应开启该防火分区内着火层及其相邻上下层前室及合用前室的常闭送风口,同时开启加压送风机
手动控制	现场手动启动
	消防控制室手动启动
信号反馈	消防控制设备应显示防烟系统的送风机、阀门等设施的启闭状态

(2) 排烟系统(表4.2.2)。

表4.2.2　排烟系统控制的要求

控制方式	详细内容
一般要求	机械排烟系统中的常闭排烟阀或排烟口应具有火灾自动报警系统自动开启、消防控制室手动开启和现场手动开启功能,其开启信号应与排烟风机联动。当火灾确认后,火灾自动报警系统应在15 s内联动开启相应防烟分区的全部排烟阀、排烟口、排烟风机和补风设施,并应在30 s内自动关闭与排烟无关的通风、空调系统
联动控制	火灾自动报警系统自动启动(①应由同一防烟分区内的两只独立的火灾探测器的报警信号,作为排烟口、排烟窗或排烟阀开启的联动触发信号,并应由消防联动控制器联动控制排烟口、排烟窗或排烟阀的开启,同时停止该防烟分区的空气调节系统。②应由排烟口、排烟窗或排烟阀开启的动作信号,作为排烟风机启动的联动触发信号,并应由消防联动控制器联动控制排烟风机的启动)
	系统中任一排烟阀或排烟口开启时,排烟风机、补风机自动启动
	排烟防火阀在280 ℃时应自行关闭,并应连锁关闭排烟风机和补风机

续表

控制方式	详细内容
手动控制	现场手动启动
	消防控制室手动启动
信号反馈	消防控制设备应显示排烟系统的排烟风机、补风机、阀门等设施的启闭状态
挡烟垂壁	活动挡烟垂壁应具有火灾自动报警系统自动启动和现场手动启动功能,当火灾确认后,火灾自动报警系统应在15 s内联动相应防烟分区的全部活动挡烟垂壁,60 s以内挡烟垂壁应开启到位

3) 防烟、排烟系统组件的操作与控制

根据《建筑防烟排烟系统技术标准》(GB 51251—2017)规定,防烟、排烟系统各组件的操作与控制要求如下。

(1)加压送风机。

加压送风机的启动应符合下列规定:

①现场手动启动。

②通过火灾自动报警系统自动启动。

③消防控制室手动启动。

④系统中任一常闭加压送风口开启时,加压送风机应能自动启动。

(2)排烟风机与补风机。

排烟风机、补风机的控制方式应符合下列规定:

①现场手动启动。

②火灾自动报警系统自动启动。

③消防控制室手动启动。

④系统中任一排烟阀或排烟口开启时,排烟风机、补风机自动启动。

⑤排烟防火阀在280 ℃时应自行关闭,并应连锁关闭排烟风机和补风机。

(3)挡烟垂壁。

挡烟垂壁的控制方式应符合下列规定:

①挡烟垂壁接收到消防控制中心的控制信号后下降至挡烟工作位置。

②当配接的烟感探测器报警后,挡烟垂壁自动下降至挡烟工作位置。

③现场手动操作。

④系统断电时,挡烟垂壁自动下降至设计位置。

(4)自动排烟窗。

自动排烟窗的控制方式应符合下列规定:

①通过火灾自动报警系统自动启动。

②消防控制室手动操作。

③现场手动操作。

④通过温控释放装置启动,释放温度应大于(环境温度)30 ℃且小于100 ℃。

(5)排烟防火阀。

排烟防火阀可通过以下方式关闭:

①温控自动关闭。

②电动关闭。

③手动关闭。

(6)排烟口、常闭送风口。

排烟口、常闭送风口可通过以下方式控制:

①通过火灾自动报警系统自动启动。

②消防控制室手动操作。

③现场手动操作。

排烟口的开启信号应与排烟风机联动。

任务书

1)检查确认各系统处于完好有效状态

检查各系统是否处于准工作状态,系统各组件是否完好无损,供电是否正常。

2)切换风机控制柜的工作状态

(1)打开风机控制柜柜门,将双电源转换开关置于手动控制模式,并切换为备用电源供电状态。

(2)将控制柜面板手动/自动转换开关置于"手动"位。

(3)实施手动启/停风机的操作。

(4)将双电源转换开关置于自动控制模式,观察确定主电源应能自动投入使用。

(5)手动/自动转换开关恢复"自动"位。

3)现场手动操作常闭式加压送风口

(1)检查确认防烟风机控制柜处于自动运行模式,消防控制室联动控制处于"自动允许"状态。

(2)打开送风口执行机构护板,找到执行机构钢丝绳拉环,用力拉动拉环,观察常闭式加压送风口,其应能打开。

(3)观察送风机的启动情况和消防控制室的信号反馈情况。

(4)将防烟风机控制柜置于手动运行模式,手动停止风机运行,分别实施送风口复位、消防控制室复位操作。

(5)将防烟风机控制柜恢复自动运行模式。

4)手动操作排烟系统组件

(1)检查确认排烟风机控制柜处于自动运行模式,消防控制室联动控制处于"自动允许"和"手动允许"状态。

（2）现场手动操作自动排烟窗和挡烟垂壁,观察其动作情况和消防控制室的信号反馈情况。

（3）在消防控制室手动启动排烟口,观察排烟风机启动和消防控制室的信号反馈情况。

（4）将排烟风机控制柜置于手动运行模式,手动停止风机运行,分别实施排烟口复位、消防控制室复位操作。

（5）将排烟风机控制柜恢复自动运行模式。

5）记录检查测试情况

将测试情况填写在相关记录表上。

实训技能评价标准

本任务实训技能评价表见表4.2.3。

表4.2.3 手动操作防烟、排烟系统任务评分标准

序号	内容	评分标准	配分/分	扣分/分	得分/分
1	切换风机控制柜的工作状态	能够按照实训步骤,正确进行操作	30		
2	现场手动操作常闭式加压送风口		30		
3	手动操作排烟系统组件		30		
4	记录表的填写	能够准确填写建筑消防设施巡查记录表	10		

思考题

（1）查阅相关资料,总结防烟、排烟系统现场手动启动与消防控制室手动启动的异同。

（2）查阅相关资料,判断防烟风机和排烟风机的控制柜在准工作状态时应设置在自动运行模式还是手动运行模式。

任务2.2 联动操作防烟、排烟系统

实训情境描述

联动操作防烟、排烟系统是进行防烟、排烟系统验收与日常维护的重要工作内容。在手动操作防烟、排烟系统的前提下,仍需对系统进行联动操作。本次实训任务是基于消防设施操作员的具体工作过程,让学生学习联动操作防烟、排烟系统。

实训目标

通过教学情境,学生能了解防烟、排烟系统的联动控制逻辑;能熟练掌握防烟、排烟系统的联动操作。

实训工器具

（1）设备：建筑防烟系统、建筑排烟系统、火灾自动报警系统、秒表等。

（2）文件：设备说明书、调试手册、图样等技术资料。

（3）耗材：建筑消防设施巡查记录表、签字笔等。

实训知识储备

1）防烟、排烟系统联动控制的要求

详见项目四单元2的任务2.1。

2）联动控制调试的要求（表4.2.4）

表4.2.4 防烟、排烟系统调试及操作的要求

系统类型		详细内容
机械加压送风系统的联动调试	内容	当任何一个常闭送风口开启时，相应的送风机均应能联动启动
		与火灾自动报警系统联动调试时，当火灾自动报警探测器发出火警信号后，应在15 s内启动与设计要求一致的送风口、送风机，且其联动启动的方式应符合现行国家标准《火灾自动报警系统设计规范》（GB 50116—2013）的规定，其状态信号应反馈到消防控制室
	数量	全数调试
机械排烟系统的联动调试方法	内容	当任何一个常闭排烟阀或排烟口开启时，排烟风机均应能联动启动
		应与火灾自动报警系统联动调试。当火灾自动报警系统发出火警信号后，机械排烟系统应启动有关部位的排烟阀或排烟口、排烟风机；启动的排烟阀或排烟口、排烟风机应与设计和标准要求一致，其状态信号应反馈到消防控制室
		对于有补风要求的机械排烟场所，当火灾确认后，补风系统应启动
		排烟系统与通风空调系统合用，当火灾自动报警系统发出火警信号后，由通风空调系统转换为排烟系统的时间应符合相关标准的规定
	数量	全数调试
自动排烟窗的联动调试方法	内容	自动排烟窗应在火灾自动报警系统发出火警信号后，联动开启到符合要求的位置
		动作状态信号应反馈到消防控制室
	数量	全数调试
活动挡烟垂壁的联动调试方法	内容	活动挡烟垂壁应在火灾自动报警系统发出报警信号后联动下降到设计高度
		动作状态信号应反馈到消防控制室
	数量	全数调试

任务书

1）检查确认各系统处于完好、有效状态

检查各系统是否处于准工作状态，系统各组件是否完好无损，供电是否正常。

2）切换风机控制柜工作状态

（1）打开风机控制柜柜门，将双电源转换开关置于手动控制模式，并切换为备用电源供电状态。

（2）将双电源转换开关置于自动控制模式，观察确定主电源应能自动投入使用。

（3）手动／自动转换开关恢复"自动"位。

3）联动操作常闭式加压送风口

（1）检查确认防烟风机控制柜处于自动运行模式，消防控制室联动控制处于"自动允许"状态。

（2）通过火灾报警联动控制器上的"直接启动"按钮启动防排烟风机。

（3）观察送风机启动情况和消防控制室的信号反馈情况。

（4）将风机控制柜置于手动运行模式，手动停止风机运行，分别实施送风口复位、消防控制室复位操作。

（5）将风机控制柜恢复自动运行模式。

4）联动操作排烟系统组件

（1）检查确认排烟风机控制柜处于自动运行模式，消防控制室联动控制处于"自动允许"和"手动允许"状态。

（2）通过火灾报警控制器联动操作自动排烟窗和挡烟垂壁，观察其动作情况和消防控制室的信号反馈情况。

（3）在消防控制室手动启动排烟口，观察排烟风机启动和消防控制室的信号反馈情况。

（4）将风机控制柜置于手动运行模式，手动停止风机运行，分别实施排烟口复位、消防控制室复位操作。

（5）将风机控制柜恢复自动运行模式。

5）记录检查测试情况

将测试情况填写在相关记录表上。

实训技能评价标准

本任务实训技能评价表见表4.2.5。

表4.2.5　联动操作防烟、排烟系统任务评分标准

序号	内容	评分标准	配分/分	扣分/分	得分/分
1	联动操作常闭式加压送风口	能够按照实训步骤,正确联动操作常闭式加压送风口	40		
2	联动操作排烟系统组件	能够按照实训步骤,正确进行联动操作排烟系统组件	40		
3	记录表的填写	能够准确填写建筑消防设施巡查记录表	20		

思考题

(1)查阅相关资料,思考当通风系统与排烟系统合并设置时其联动控制方式是什么。

(2)查阅相关资料,总结建筑防烟、排烟系统风机连锁启动、联动启动的区别。

单元3　保养建筑防烟、排烟系统

任务3.1　防烟、排烟系统组件的保养

实训情境描述

消防设施维护保养人员应编制防烟、排烟系统保养计划,并根据保养计划对防烟、排烟系统实施保养。本次实训任务是基于消防设施操作员的具体工作过程,让学生学习防烟、排烟系统组件的保养项目与方法。

实训目标

通过教学情境,学生能了解防烟、排烟系统的分类与主要组成;能熟练掌握防烟、排烟系统各组件的保养要求与方法。

实训工器具

(1)设备:建筑防烟系统、建筑排烟系统、火灾自动报警系统。

(2)文件:设备说明书、调试手册、图样等技术资料。

(3)耗材:建筑消防设施维护保养记录表、签字笔等。

实训知识储备

防烟、排烟系统组件的保养要求和方法。(表4.3.1)

表4.3.1　防烟、排烟系统组件的保养要求和方法

保养项目	保养要求	保养方法
风机保养	(1)铭牌清晰 (2)传动机构无变形、损伤 (3)电动机供电正常,接地良好 (4)轴承部分润滑油状态无异常 (5)传动带无松动 (6)风机启停运行和信号反馈正常,驱动装置的外露部位防护完好	(1)清除螺栓锈蚀部分,紧固松动的螺栓,加固风机安装基础和支吊架 (2)清除风机房周围可燃物 (3)紧固电动机接线端子,对外壳进行除锈防腐 (4)清除轴承润滑部位的脏污、泥沙、尘土,补充润滑油 (5)调整传动皮带松紧,加固联轴器
风机控制柜保养	(1)无变形、损伤、腐蚀 (2)仪表、指示灯、开关和控制按钮状态均正常 (3)柜内电气连接牢固,无松动、打火、烧蚀现象 (4)电气原理图清晰、粘贴牢固	(1)清洁外观,及时进行除锈、补漆 (2)用螺丝刀逐个紧固各接线端子 (3)对损坏的电气线路和元器件及时查清原因,并进行维修更换
排烟防火阀保养	(1)防火阀、排烟防火阀、远程控制排烟阀无变形、损伤 (2)铭牌标识清晰,阀件完整 (3)旋转机构灵活,无卡滞和阻碍 (4)制动机构、限位器符合要求 (5)手动、远程启闭操作正常	(1)对阀体、叶片、执行机构进行清洁、除锈、润滑,清洁温感器 (2)紧固、修复支吊架 (3)恢复防火阀、排烟防火阀标识 (4)对反馈触点进行除锈清洁 (5)易熔片(温感器)应有10%且不少于10只备用件
送风口、排烟口保养	(1)排烟口、送风口无变形、损伤 (2)固定牢靠,与建筑墙体、吊顶贴合紧密,风口内无杂物和积尘 (3)阀件完整 (4)旋转机构灵活,无卡滞和阻碍 (5)制动机构、限位器符合要求 (6)手动、远程启闭操作正常	(1)清除送风口、排烟口周围的障碍物和可燃物 (2)修复连接部位损伤,紧固螺栓 (3)对阀体、叶片、执行机构进行清洁、除锈、修复 (4)机械传送机构每年加适量润滑剂 (5)对反馈触点进行除锈、清洁 (6)修复或更换损坏的设备或零配件,清洁、润滑手动驱动装置,调整远距离控制机构的脱扣钢丝连接,使钢丝不松弛、不脱落
挡烟垂壁保养	(1)挡烟垂壁外观完好,表面无明显凹痕或机械损伤,各零部件的组装、拼接处无错位,标识清晰 (2)活动式挡烟垂壁手动、远程和联动控制功能正常 (3)运行平稳无卡滞,无阻碍垂壁动作的障碍物	(1)清洁、润滑挡烟垂壁的驱动机构、手动操作按钮 (2)对反馈触点进行除锈清洁

续表

保养项目	保养要求	保养方法
风管(道)	(1)风管无变形损坏 (2)各连接处应牢固、严密,无损坏、脱落 (3)风管穿墙处防火封堵完好 (4)风管吊架支撑牢固,在各种工况下均无晃动	(1)修复变形风管,修补或更换破损风管 (2)清除风管内异物 (3)加固风管吊架、支架

任务书

1)编制保养计划

保养计划主要包含保养周期、保养项目及保养方法。

2)项目保养

根据维护保养计划,在规定的周期内对表4.3.1中的项目分别实施保养。保养应结合外观检查和功能测试进行,通常采用清洁、紧固、调整、润滑的方法。对电气元器件的清洁应使用吸尘器或软毛刷等工具,其他组件可使用不太湿的布进行擦拭,对损坏件应及时维修或更换。

3)填写保养记录

将保养情况填写在相关记录表上。

实训技能评价标准

本任务实训技能评价表见表4.3.2。

表4.3.2　防烟、排烟系统组件保养任务评分标准

序号	内容	评分标准	配分/分	扣分/分	得分/分
1	保养计划编写	能够编制保养计划,不漏项	40		
2	各组件的保养	能够按照实训步骤,正确进行各组件的保养	40		
3	记录表的填写	能够准确填写建筑消防设施维护保养记录表	20		

思考题

(1)查阅相关资料,思考如何结合检查与巡检,进行防烟、排烟系统组件的保养。
(2)查阅相关资料,思考防烟、排烟系统组件保养计划编制的重点和难点。

单元4　检测建筑防烟、排烟系统

任务4.1　防烟、排烟系统组件的检测

实训情境描述

定期对防烟、排烟系统进行检查与测试是保证防烟、排烟系统在火灾时正常使用的重要保障工作。本次实训任务是基于消防设施操作员的具体工作过程，让学生学习防烟、排烟系统组件的检查与测试。

实训目标

通过教学情境，学生能了解防烟、排烟系统组件的安装质量要求，掌握安装质量检查的方法；掌握防烟、排烟系统常用测量工具的使用方法；能熟练掌握防烟、排烟系统连锁控制和联动控制功能的测试方法，风口风速和加压送风部位余压值的测量方法。

实训工器具

（1）设备：建筑防烟系统、建筑排烟系统、火灾自动报警系统、钢卷尺、塞尺、风速仪、数字微压计、火灾探测器测试工具、梯具等检测工具。

（2）文件：设备说明书、图样等技术资料。

（3）耗材：建筑消防设施检测记录表、签字笔等。

实训知识储备

1）防烟、排烟系统巡检的内容

（1）系统日常巡查内容（表4.4.1）。

表4.4.1　系统日常巡查的内容

巡查项目	巡查内容
系统组（部）件状态要求	①防烟、排烟系统能否正常使用与系统各组件、配件日常监控时的现场状态密切相关，机械防烟、排烟系统应始终保持正常运行，不得随意断电或中断
	②正常工作状态下，正压送风机、排烟风机、通风空调风机电控柜等受控设备应处于自动控制状态，严禁将受控的正压送风机、排烟风机、通风空调风机电控柜等设置在手动位置
	③消防控制室应能显示系统的手动、自动工作状态及系统内的防烟排烟风机、防火阀、排烟防火阀的动作状态；应能控制系统的启、停及系统内的防烟排烟风机、防火阀、排烟防火阀、常闭送风口、排烟口、电控挡烟垂壁的开关状态，并显示其反馈信号；应能停止相关部位正常通风的空调，并接收和显示通风系统内防火阀的反馈信号

续表

巡查项目	巡查内容
系统每日检查的内容	①查看机械加压送风系统、机械排烟系统控制柜的标志、仪表、指示灯、开关和控制按钮;用按钮启停每台风机,查看仪表及指示灯显示
	②查看机械加压送风系统、机械排烟系统风机的外观和标志牌;在控制室远程手动启、停风机,查看其运行及信号反馈情况
	③查看送风阀、排烟阀、排烟防火阀、电动排烟窗的外观,以及手动/电动开启、手动复位、动作和信号反馈情况

（2）系统的周期性维护（表4.4.2）。

表4.4.2　系统周期性维护的内容

维护项目（周期）	维护内容
总体要求	系统的周期性检查是指建筑使用管理单位按照国家工程建设消防技术标准的要求,对已经投入使用的防烟、排烟系统的组件、零部件等按照规定的检查周期进行检查、测试
季度	每季度应对防烟排烟风机、活动挡烟垂壁、自动排烟窗进行一次功能检测启动试验及供电线路检查
半年	每半年应对全部排烟防火阀、送风阀或送风口、排烟阀或排烟口进行自动和手动启动试验一次
年度	每年应对全部防烟、排烟系统进行一次联动试验和性能检测,其联动功能和性能参数应符合原设计要求
无机风管	当防烟、排烟系统采用无机玻璃钢风管时,应每年对该风管进行质量检查,检查面积应不少于风管面积的30%;风管表面应光洁,无明显泛霜、结露和分层现象
备品备件	排烟窗的温控释放装置、排烟防火阀的易熔片应有10%的备用件,且不少于10个

2）防烟、排烟系统常用检测工具及使用方法

（1）风速仪。

风速仪常用于测量送风口、排烟口和疏散门洞断面风速。对于不同厂家和不同型号的风速仪,应参照产品说明书进行操作,以某型号数字风速仪（图4.4.1）为例,其使用方法如下:

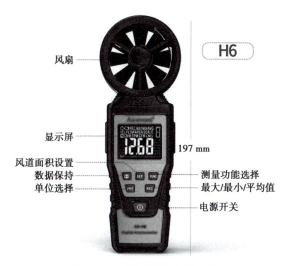

图 4.4.1　某型号数字风速仪

①打开电源开关,用"单位选择"键选择风速单位。

②手持风扇或将其固定于支架上,保持风扇外壳标注箭头方向与风口气流方向一致。

③屏幕显示的读数趋于稳定时,按下锁定键锁定读数。

(2)数字微压计。

数字微压计用于机械加压送风部位余压值的测量。由于生产厂家和产品型号不同,数字微压计的使用方法存在一定的差异,应根据产品说明书进行操作。以某型号数字微压计为例(图 4.4.2),其使用方法如下。

图 4.4.2　某型号数字微压计

①接通电源,选择压力单位。

②手按回零开关,使显示屏显示数字为零(传感器两端导压)。

③用胶管连接正负接嘴,将正压接嘴用胶管置于机械加压送风部位,负压接嘴置于常压部位。

④观察数字微压计显示值,待其稳定后记录测量结果。

任务书

1)测试防烟、排烟系统的连锁与联动控制功能

(1)检查确认防烟、排烟系统风机控制柜处于自动运行模式,消防控制室联动控制处于"自动允许"状态。

(2)现场手动打开任一常闭加压送风口,观察送风机的启动和信号反馈情况。

(3)通过风机控制柜面板手动停止风机运行,分别实施送风口复位、消防控制室复位和控制柜面板复位等防烟系统复位(以下简称"复位系统")操作。

(4)触发任一防火分区内的两只独立火灾探测器或一只火灾探测器与一个手动火灾报警按钮,观察该防火分区楼梯间的全部加压送风机、该防火分区内着火层及其相邻上下层前室及合用前室的常闭送风口的动作和信号反馈情况。

(5)复位防烟系统。

(6)现场手动打开任一排烟口,观察排烟风机的启动和信号反馈情况。

(7)复位排烟系统。

(8)触发任一防烟分区内的两只独立火灾探测器,观察排烟风机、该防烟分区内全部排烟阀、排烟口、活动挡烟垂壁、自动排烟窗的动作和信号反馈情况,观察通风空调系统的联动关闭情况。

(9)手动关闭排烟防火阀,观察排烟风机的关闭情况。

(10)复位排烟系统。

(11)记录检查测试情况。

2)测量送风口、排烟阀(口)风速

(1)检查确认风机控制柜处于自动运行模式,消防控制室联动控制处于"自动允许"状态。

(2)触发火灾探测器模拟火灾发生,联动启动风机和风口。

(3)使用风速仪测量风口处风速值并记录。风口风速的获取一般采用多点位测量取平均值的方法,测量时应根据风管横截面的几何形状和面积大小,分别采用不同的测点布置方案。

(4)计算风口风速并记录。送风口的风速不宜大于 7 m/s,排烟口的风速不宜大于 10 m/s,且偏差不大于设计值的10%。

(5)重复测量和计算其他风口处风速。

(6)复位系统。

(7)记录检查测试情况。

3)测试防烟、排烟系统的连锁与联动控制功能

(1)检查确认风机控制柜处于自动运行模式,消防控制室联动控制处于"自动允许"状态。

（2）选取送风系统末端对应的送风最不利的三个连续楼层，模拟起火层及其上下层，封闭避难层（间）仅需选取本层。触发火灾探测器模拟火灾发生，联动启动送风机和送风口。

（3）使用数字微压计分别测量前室和楼梯间余压值。

（4）复位系统。

（5）记录检查测试情况。

实训技能评价标准

本任务实训技能评价表见表4.4.3。

表4.4.3　防烟、排烟系统组件检测任务评分标准

序号	内容	评分标准	配分/分	扣分/分	得分/分
1	测试防烟、排烟系统的连锁与联动控制功能	能够按照实训步骤，正确进行连锁与联动控制功能的测试	30		
2	测量送风口、排烟阀（口）风速	能够按照实训步骤，正确测量送风口、排烟阀（口）风速	30		
3	测量加压送风部位余压值	能够按照实训步骤，正确测量加压送风部位余压值	30		
4	记录表的填写	能够准确填写建筑消防设施检测记录表	10		

思考题

（1）查阅相关资料，总结使用风速仪测量风口处风速值时测风点的布置方案。

（2）查阅相关资料，说明为什么需保持前室和楼梯间余压值，该值过大或过小会出现什么后果。

项目五
其他常见消防系统

单元 1　应急照明与疏散指示系统

任务 1.1　操作应急照明控制器

实训情境描述

消防应急照明和疏散指示系统是指在发生火灾时,为人员疏散和消防作业提供应急照明和疏散指示的建筑消防系统。系统的合理设计,即系统类型和系统部件的正确选择、系统部件的合理设置和安装、灯具供配电的合理设计及系统的有效维护管理,对保证系统在发生火灾时能有效地为建、构筑物中的人员在疏散路径上提供必要的照度条件、准确的疏散导引信息,从而有效保障人员的安全疏散,都有十分重要的作用和意义。本次实训任务是基于消防设施操作员的具体工作过程,让学生学习如何操作应急照明控制器。

实训目标

通过教学情境,学生能了解消防应急照明和疏散指示系统的分类;了解消防应急照明和疏散指示系统的组成和工作原理;了解消防应急照明和疏散指示系统类型的选择要求;了解应急照明控制器的控制显示功能和设置要求;了解应急照明控制器的应急启动控制功能;能掌握应急照明控制器的应急启动方法。

实训工器具

(1)设备:应急照明控制器、应急照明集中电源、应急照明配电箱等配套系统产品,火灾报警控制器,消防联动控制器。

(2)文件:消防应急照明和疏散指示系统图、产品说明书。

(3)耗材:建筑消防设施巡查记录表、签字笔等。

实训知识储备

1)消防应急照明和疏散指示系统的分类与组成

（1）系统的分类（表5.1.1）。

表5.1.1　消防应急照明和疏散指示系统的组成

分类方式	内容
按电源电压等级分类	消防应急灯具分为A型消防应急灯具和B型消防应急灯具。A型消防应急灯具的主电源和蓄电池电源的额定工作电压均小于等于DC36 V，B型消防应急灯具的主电源或蓄电池电源的额定工作电压大于DC36 V或AC36 V
按蓄电池电源的供电方式分类	消防应急灯具分为自带电源型消防应急灯具和集中电源型消防应急灯具
按适用系统的类型分类	分为集中控制型消防应急灯具和非集中控制型消防应急灯具
按工作方式分类	分为持续型消防应急灯具和非持续型消防应急灯具
按用途分类	分为消防应急照明灯具和消防应急标志灯具

（2）系统的组成（表5.1.2）。

表5.1.2　消防应急照明和疏散指示系统的分类

控制方式		详细内容
集中控制型系统	定义	集中控制型系统设置应急照明控制器，集中控制并显示应急照明集中电源或应急照明配电箱及其配接的消防应急灯具的工作状态
	集中电源	灯具的蓄电池电源采用应急照明集中电源供电方式的集中控制型系统
		由应急照明控制器、应急照明集中电源、集中电源集中控制型消防应急灯具及相关附件组成
	自带电源	灯具的蓄电池电源采用自带蓄电池供电方式的集中控制型系统
		由应急照明控制器、应急照明配电箱、自带电源集中控制型消防应急灯具及相关附件组成
非集中控制型系统	定义	非集中控制型系统未设置应急照明控制器，由应急照明集中电源或应急照明配电箱分别控制其配接消防应急灯具的工作状态
	集中电源	灯具的蓄电池电源采用应急照明集中电源供电方式的非集中控制型系统
		由应急照明集中电源、集中电源非集中控制型消防应急灯具及相关附件组成
	自带电源	灯具的蓄电池电源采用自带蓄电池供电方式的非集中控制型系统
		由应急照明配电箱、自带电源非集中控制型消防应急灯具及相关附件组成

各系统示意图如图 5.1.1—图 5.1.4 所示。

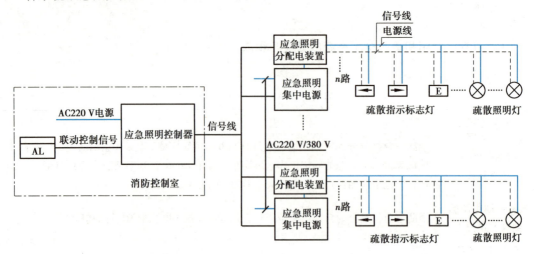

图 5.1.1　集中电源集中控制型消防应急照明和疏散指示系统示意图

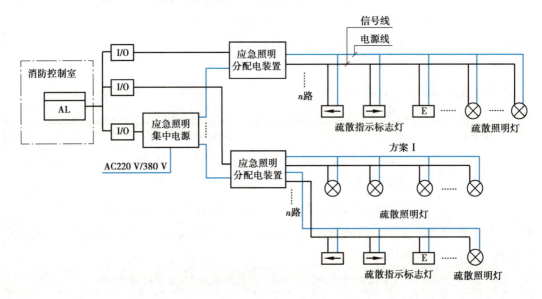

图 5.1.2　集中电源非集中控制型消防应急照明和疏散指示系统示意图

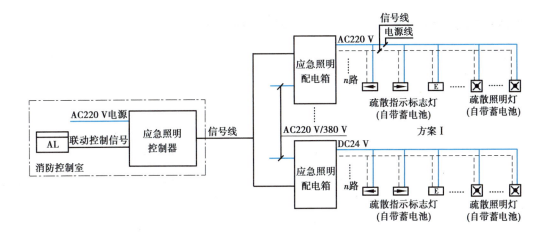

图 5.1.3　自带电源集中控制型消防应急照明和疏散指示系统示意图

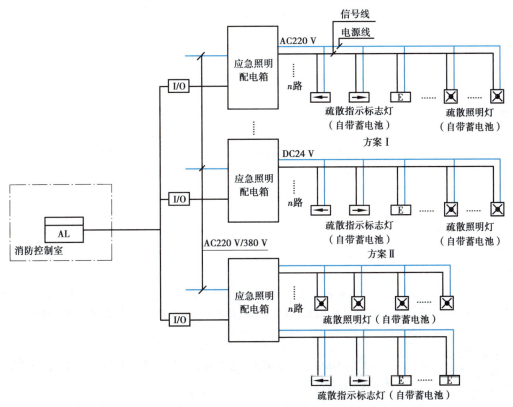

图 5.1.4　自带电源非集中控制型消防应急照明和疏散指示系统示意图

2）消防应急照明和疏散指示系统的工作原理、功能

（1）系统的工作原理（表5.1.3）。

表5.1.3　消防应急照明和疏散指示系统的工作原理

控制方式		详细内容
集中控制型	控制器	集中控制型系统中设置有应急照明控制器,应急照明控制器通过通信总线与其配接的集中电源或应急照明配电箱连接,并进行数据通信
	灯具连接	集中电源或应急照明配电箱通过配电回路和通信回路与其配接的灯具连接,为灯具供配电,并与灯具进行数据通信
	状态控制	应急照明控制器通过集中电源或应急照明配电箱控制灯具的工作状态,集中电源或应急照明配电箱也可直接联锁控制灯具的工作状态
	启动方式	应急照明控制器能够采用自动和手动方式控制集中电源或应急照明配电箱及其配接灯具的应急启动,接收并显示其工作状态
非集中控制型	控制器	非集中控制型系统中未设置应急照明控制器
	配电方式	应急照明集中电源或应急照明配电箱通过配电回路与其配接的灯具连接,为灯具供配电
	控制与启动	应急照明集中电源或应急照明配电箱直接控制其配接灯具的工作状态,可采用自动和手动方式控制应急照明集中电源或应急照明配电箱及其配接灯具的应急启动

（2）系统的功能（表5.1.4）。

表5.1.4　消防应急照明和疏散指示系统的功能

功能类型	内容
应急启动功能	在火灾等紧急情况下,应能采用自动和手动方式控制消防应急照明和疏散指示系统的应急启动,即控制系统的灯具和相关设备转入应急工作状态,发挥其疏散照明和疏散指示的作用
集中控制型系统的应急状态保持功能	系统的应急状态启动后,除指示状态可变的标志灯具外,集中控制型系统设备应保持应急工作状态直到系统复位

任务书

（1）将应急照明控制器与应急照明集中电源、应急照明配电箱等配套的系统产品相连,同时与火灾报警控制器、消防联动控制器连接,使应急照明控制器处于正常监控状态。

（2）测试应急照明控制器的控制、显示功能（本任务以某型号应急照明控制器为例）。

①检查与应急照明控制器连接的设备线路是否正确,无问题后接通电源,打开控制器电源

开关,控制器开机完毕屏幕上显示"系统监控页面"。

②登录完毕,按界面中的"灯具"键查询灯具具体情况,如图5.1.5所示。

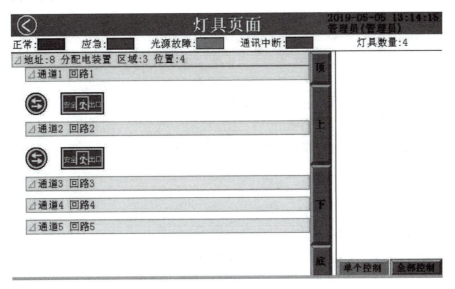

图5.1.5　某型号应急照明控制器灯具信息查询页面

③在系统的正常监控状态下断开主电源开关,故障指示灯亮、主电工作指示灯灭,同时备用电源供电,备用电源指示灯亮,发出应急声信号并显示相关应急启动信息和主电故障信息。

④在系统的正常监控状态下断开备用电源开关,故障指示灯亮、备电工作指示灯灭,同时控制器应发出故障声信号并显示备电故障信息。

⑤按"自检"键,应急照明控制器应能进入系统自检状态,面板指示灯应全部点亮,显示屏显示自检进程,同时喇叭发出自检声。

(3)自动应急启动测试。

使满足应急照明自动应急启动的火灾探测器、手动火灾报警按钮发出火灾报警信号(也可通过应急照明控制器模拟火灾而发出报警信号),检查应急照明控制器的显示情况及系统设备状态并记录。

(4)手动应急启动测试。

①将系统从自动监控状态切换至手动控制状态,手动操作应急照明控制器"强启"按钮,观察记录应急照明控制器的显示情况及系统设备状态。

②操作火灾报警控制器、应急照明控制器使火灾自动报警系统、应急照明和疏散指示系统复位,使系统处于正常监控状态。

(5)填写建筑消防设施巡查记录表。

实训技能评价标准

本任务实训技能评价表见表5.1.5。

表5.1.5 操作应急照明控制器任务评分标准

序号	内容	评分标准	配分/分	扣分/分	得分/分
1	测试应急照明控制器的控制、显示功能	能够按照实训步骤,正确测试应急照明控制器的控制、显示功能	30		
2	自动应急启动测试	能够按照实训步骤,正确自动应急启动测试	30		
3	手动应急启动测试	能够按照实训步骤,正确手动应急启动测试	30		
4	记录表的填写	能够准确填写建筑消防设施巡查记录表	10		

思考题

(1)查阅相关资料,区分A级配电与B级配电的概念。

(2)查阅相关资料,说明在不同场所对消防应急照明照度的要求。

任务1.2 检测消防应急照明和疏散指示系统

实训情境描述

为保障消防应急照明和疏散指示系统在火灾时能够正常运行,在日常运行中需根据设计和规范要求,对消防应急照明和疏散指示系统进行检查与测试。本次实训任务是基于消防设施操作员的具体工作过程,让学生学习如何检查、测试消防应急照明和疏散指示系统。

实训目标

通过教学情境,学生能了解消防应急照明和疏散指示系统各组件的安装要求;掌握消防应急照明和疏散指示系统各组件安装质量的检查方法;掌握消防应急照明和疏散指示系统的检测方法;熟练掌握应急照明灯具的照度及应急转换功能、应急转换时间和持续照明时间的测试方法。

实训工器具

(1)设备:应急照明控制器、应急照明集中电源、应急照明配电箱等配套系统产品,火灾报警控制器,消防联动控制器。

(2)文件:消防应急照明和疏散指示系统图、产品说明书。

(3)耗材:建筑消防设施检测记录表、签字笔等。

实训知识储备

1）消防应急照明设计要求

（1）照明灯的设置部位或场所及其地面水平的最低照度（表5.1.6）。

表5.1.6　照明灯的设置部位或场所及其地面水平的最低照度

区域	设置部位或场所	最低照度
特殊类场所	Ⅰ-1 病房楼或手术部的避难层（间） Ⅰ-2 老年人照料设施 Ⅰ-3 人员密集场所、老年人照料设施、病房楼或手术部内的楼梯间、前室或合用前室、避难走道 Ⅰ-4 逃生辅助装置存放处等特殊区域 Ⅰ-5 屋顶直升机停机坪	≥10 lx
安全区域	Ⅱ-1 除Ⅰ-3规定外的敞开楼梯间、封闭楼梯间、防烟楼梯间及其前室，室外楼梯间 Ⅱ-2 消防电梯间的前室或合用前室 Ⅱ-3 除Ⅰ-3规定外的避难走道 Ⅱ-4 寄宿制幼儿园和小学的寝室、医院手术室及重症监护室等病人行动不便的病房等需要救援人员协助疏散的区域	≥5 lx
着火区域	Ⅲ-1 除Ⅰ-1规定外的避难层（间） Ⅲ-2 观众厅，展览厅，电影院，多功能厅，建筑面积大于200 m² 的营业厅、餐厅、演播厅，建筑面积超过400 m² 的办公大厅、会议室等人员密集场所 Ⅲ-3 人员密集的厂房内的生产场所 Ⅲ-4 室内步行街两侧的商铺 Ⅲ-5 建筑面积大于100 m² 的地下或半地下公共活动场所	≥3 lx
其他区域	Ⅳ-1 除Ⅰ-2、Ⅱ-4、Ⅲ-2～Ⅲ-5规定外的场所的疏散走道、疏散通道 Ⅳ-2 室内步行街 Ⅳ-3 城市交通隧道两侧、人行横道和人行疏散通道 Ⅳ-4 宾馆、酒店的客房 Ⅳ-5 自动扶梯上方或侧上方 Ⅳ-6 安全出口外面及附近区域、连廊的连接处两端 Ⅳ-7 进入屋顶直升机停机坪的途径 Ⅳ-8 配电室、消防控制室、消防水泵房、自备发电机房等发生火灾时仍需工作、值守的区域	≥1 lx

（2）消防应急照明和疏散指示系统的性能要求（表5.1.7）。

表5.1.7　消防应急照明和疏散指示系统的性能要求

性能类别	要求
系统的持续应急工作时间	①建筑高度大于100 m的民用建筑不应小于1.5 h ②医疗建筑、老年人照料设施、总建筑面积大于100 000 m² 的公共建筑和总建筑面积大于20 000 m² 的地下、半地下建筑不应小于1 h ③其他建筑不应小于0.5 h ④城市交通隧道应符合下列规定： a. 一、二类隧道不应小于1.5 h，隧道端口外接的站房不应小于2 h b. 三、四类隧道不应小于1 h，隧道端口外接的站房不应小于1.5 h
系统应急点亮、熄灭的响应时间	①高危险场所灯具光源应急点亮的响应时间不应大于0.25 s ②其他场所灯具光源应急点亮的响应时间不应大于5 s ③具有两种及以上疏散指示方案的场所，标志灯光源点亮、熄灭的响应时间不应大于5 s

2）消防应急照明和疏散指示系统的控制设计

（1）集中控制型系统的控制设计（表5.1.8）。

表5.1.8　集中控制型系统的控制设计

状态	工作模式	内容
非火灾状态	系统正常工作模式	①应保持主电源为灯具供电 ②系统内所有非持续型照明灯宜保持熄灭状态，持续型照明灯的光源应保持节电点亮模式 ③具有一种疏散指示方案的区域，区域内所有标志灯应按该区域疏散指示方案保持节电点亮模式。需要借用相邻防火分区疏散的防火分区，区域内相关标志灯应按该区域可借用相邻防火分区疏散工况条件对应的疏散指示方案保持节电点亮模式
	系统主电源断电后	①集中电源或应急照明配电箱应联锁控制其配接的非持续型照明灯的光源应急点亮，持续型灯具的光源由节电点亮模式转入应急点亮模式；灯具持续应急点亮时间应符合相关规定，且不应超过0.5 h ②系统主电源恢复后，集中电源或应急照明配电箱应联锁控制其配接灯具的光源恢复原工作状态；灯具持续点亮时间达到设计文件规定的时间且系统主电源仍未恢复供电时，集中电源或应急照明配电箱应联锁控制其配接灯具的光源熄灭
	正常照明电源断电后	任一防火分区、楼层、隧道区间、地铁站台和站厅的正常照明电源断电后： ①集中电源或应急照明配电箱应在主电源供电状态下，联锁控制其配接的非持续型照明灯的光源应急点亮，持续型灯具的光源由节电点亮模式转入应急点亮模式 ②该区域正常照明电源恢复供电后，集中电源或应急照明配电箱应联锁控制其配接的灯具恢复原工作状态

状态	工作模式	内容
火灾发生时	自动应急启动控制	①应以火灾报警控制器或火灾报警控制器(联动型)的火灾报警输出信号作为系统自动应急启动的触发信号 ②应急照明控制器接收到火灾报警控制器的火灾报警输出信号后,应自动执行下列控制操作: a.控制系统所有非持续型灯具的光源应急点亮,持续型灯具的光源由节电点亮模式转入应急点亮模式 b.控制 B 型集中电源转入蓄电池电源输出,B 型应急照明配电箱切断主电源输出 c.A 型集中电源应保持主电源输出,待接收到其主电源断电信号后自动转入蓄电池电源输出;A 型应急照明配电箱应保持主电源输出,待接收到其主电源断电信号后,自动切断主电源输出
	手动应急启动控制	①控制系统所有非持续型灯具的光源应急点亮,持续型灯具的光源由节电点亮模式转入应急点亮模式 ②控制集中电源转入蓄电池电源输出,应急照明配电箱切断主电源输出
	借用相邻防火分区疏散的防火分区,改变相应标志灯具指示状态的控制	①应以消防联动控制器发送的被借用防火分区的火灾报警区域信号作为控制改变该区域相应标志灯具指示状态的触发信号 ②应急照明控制器接收到被借用防火分区的火灾报警区域信号后,应自动执行下列控制操作: a.按对应的疏散指示方案,控制该区域内需要变换指示方向的方向标志灯改变箭头指示方向 b.控制被借用防火分区入口处设置的出口标志灯的"出口指示标志"光源熄灭、"禁止入内"指示标志光源应急点亮 c.该区域内其他标志灯的工作状态不应改变
	需要采用不同疏散预案的控制设计	需要采用不同疏散预案的交通隧道、地铁隧道、地铁站台和站厅等场所,改变相应标志灯具指示状态的控制设计: ①应以消防联动控制器发送的代表相应疏散预案的联动控制信号作为控制改变该区域相应标志灯具指示状态的触发信号 ②应急照明控制器接收到代表相应疏散预案的消防联动控制信号后,应自动执行下列控制操作: a.按对应的疏散指示方案,控制该区域内需要变换指示方向的方向标志灯改变箭头指示方向 b.控制该场所需要关闭的疏散出口处设置的出口标志灯的"出口指示标志"光源熄灭、"禁止入内"指示标志光源应急点亮 c.该区域内其他标志灯的工作状态不应改变

(2)非集中控制型系统的控制设计(表5.1.9)。

表5.1.9 非集中控制型系统的控制设计

状态	工作模式	内容
非火灾状态	系统正常工作模式	①应保持主电源为灯具供电 ②系统内非持续型灯具的光源应保持熄灭状态 ③系统内持续型灯具的光源应保持节电点亮状态
	非持续型照明灯感应点亮	在非火灾状态下,非持续型照明灯在主电源供电时可通过人体感应、声控感应等方式点亮,但灯具的感应点亮不应影响灯具的应急启动功能
火灾发生时	手动应急启动控制	①灯具采用集中电源供电时,应能手动操作集中电源,控制集中电源转入蓄电池电源输出,同时控制其配接的所有非持续型灯具的光源应急点亮,持续型灯具的光源由节电点亮模式转入应急点亮模式 ②灯具采用自带蓄电池供电时,应能手动操作切断应急照明配电箱的主电源输出,同时控制其配接的所有非持续型灯具的光源应急点亮,持续型灯具的光源由节电点亮模式转入应急点亮模式
	自动应急启动控制	在设置区域火灾报警系统的场所,系统自动应急启动控制设计应符合下列规定: ①灯具采用集中电源供电时,集中电源接收到火灾报警控制器的火灾报警输出信号后,应自动转入蓄电池电源输出,并控制其配接的所有非持续型灯具的光源应急点亮,持续型灯具的光源由节电点亮模式转入应急点亮模式 ②灯具采用自带蓄电池供电时,应急照明配电箱接收到火灾报警控制器的火灾报警输出信号后,应自动切断主电源输出,并控制其配接的所有非持续型灯具的光源应急点亮,持续型灯具的光源应由节电点亮模式转入应急点亮模式

3)消防应急照明和疏散指示系统的维护要求(表5.1.10)

表5.1.10 系统的维护要求

检查对象	检查项目	检查数量
集中控制型系统	手动应急启动功能	应保证每月、每季度对系统进行一次手动应急启动功能检查
	火灾状态下自动应急启动功能	应保证每年对每一个防火分区至少进行一次火灾状态下自动应急启动功能检查
	持续应急工作时间	应保证每月对每一台灯具进行一次蓄电池电源供电状态下的持续应急工作时间检查

续表

检查对象	检查项目	检查数量
非集中控制型系统	手动应急启动功能	应保证每月、每季度对系统进行一次手动应急启动功能检查
	持续应急工作时间	应保证每月对每一台灯具进行一次蓄电池电源供电状态下的持续应急工作时间检查

任务书

1)连接设备,接通电源

将应急照明控制器与配接的应急照明配电箱、集中电源、灯具连接后接通电源,使应急照明控制器处于正常监视状态。

2)测试应急照明灯具的照度

(1)打开照度计电源,按下电源开关键开机,打开照度计光收集器的遮光盖,如图5.1.6所示。

图5.1.6 某品牌照度计

(2)测量完成后,记录照度值并与规范值进行对比,盖上光收集器的遮光盖,按下照度计电源开关键,关闭电源。

3)测试应急照明灯具应急转换功能

(1)手动操作应急照明控制器的强启按钮,应急照明控制器应发出手动应急启动信号,显示启动时间。

(2)系统内所有非持续型灯具的光源应急点亮,持续型灯具的光源由节电点亮模式转入应急点亮模式。

（3）灯具采用集中电源供电时,应能手动控制集中电源转入蓄电池电源输出;灯具采用自带蓄电池供电时,应能手动控制应急照明配电箱切断电源输出,并控制其所配接的非持续型灯具的光源应急点亮,持续型灯具的光源由节电点亮模式转入应急点亮模式。

4) 测试应急照明灯具持续照明时间

（1）切断应急照明配电箱的主电源,该区域内所有非持续型灯具的光源应急点亮,持续型灯具的光源由节电点亮模式转入应急点亮模式。

（2）灯具持续点亮时间达到设计文件规定的时间后,集中电源或应急照明配电箱应连锁其配接灯具的光源熄灭,利用秒表记录灯具的持续点亮时间。

5) 测试应急照明灯具应急转换时间

（1）在火灾报警控制器上模拟火灾报警信号,应急照明控制器接收到火灾报警控制器发送的火灾报警输出信号后,应发出启动信号,显示启动时间。

（2）系统内所有非持续型灯具的光源应应急点亮,持续型灯具的光源应由节电点亮模式转入应急点亮模式。在高危险场所,灯具光源应急点亮的响应时间不应大于 0.25 s;在其他场所,灯具光源应急点亮的响应时间不应大于 5 s;在具有两种及以上疏散指示方案的场所,标志灯光源点亮、熄灭的响应时间不应大于 5 s。

（3）恢复消防电源,集中电源或应急照明配电箱应连锁其配接灯具的光源恢复原工作状态。

6) 填写建筑消防设施检测记录表

将检测情况填写在相关记录表上。

实训技能评价标准

本任务实训技能评价表见表 5.1.11。

表 5.1.11　检测消防应急照明和疏散指示系统任务评分标准

序号	内容	评分标准	配分/分	扣分/分	得分/分
1	测试应急照明灯具的照度	能够按照实训步骤,正确测试应急照明灯具的照度	20		
2	测试应急照明灯具应急转换功能	能够按照实训步骤,正确测试应急照明灯具应急转换功能	20		
3	测试持续照明时间	能够按照实训步骤,正确测试持续照明时间	20		
4	测试应急转换时间	能够按照实训步骤,正确测试应急转换时间	20		
5	记录表的填写	能够准确填写建筑消防设施检测记录表	20		

思考题

(1)查阅相关资料,说明消防应急照明装置的设置位置有哪些要求。

(2)查阅相关资料,说明疏散指示标志的设置位置有哪些要求。

单元2 防火分隔

任务2.1 手动释放防火卷帘

实训情境描述

防火卷帘是一种适用于建筑物较大洞口处的防火、隔热设施,广泛应用于工业与民用建筑的防火隔断区,能有效地阻止火势蔓延,保障人民群众的生命财产安全,是现代建筑中不可或缺的防火设施。本次实训任务是基于消防设施操作员的具体工作过程,让学生学习如何以手动方式释放防火卷帘。

实训目标

通过教学情境,学生能掌握防火卷帘的操作与控制方式;能熟练掌握防火卷帘的手动和机械释放方法。

实训工器具

(1)设备:防火卷帘、防火卷帘手动按钮盒专用钥匙、旋具、火灾自动报警和联动控制系统。

(2)文件:防火卷帘系统图、产品说明书。

(3)耗材:建筑消防设施检测记录表、签字笔等。

实训知识储备

1)防火卷帘的主要组件

防火卷帘主要由卷门机、帘板(面)、座板、卷轴、导轨、防护罩(箱体)、控制器、手动按钮盒、温控释放装置等组成。下面介绍卷门机、帘板(面)、控制器、手动按钮盒、温控释放装置。

(1)卷门机。

防火卷帘的卷门机由电动机、电动机机板、减速箱、制动机构、限位器、手动操作部件组成,用于驱动防火卷帘的收卷和下放。

(2)帘板(面)。

帘板(面)的功能是在防火卷帘下放后封堵洞口,阻止火灾蔓延和控制烟雾扩散。根据帘板(面)材质可分为钢质帘板(面)、无机纤维复合帘板(面)和其他材质帘板(面)。帘板(面)

如图 5.2.1 所示。

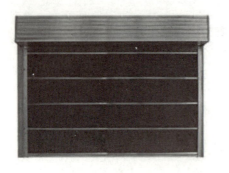

a)无机纤维复合帘板(面)　　　　　　b)钢质帘板(面)

图 5.2.1　防火卷帘帘板(面)

(3)控制器。

控制器的主要功能是接收启动指令,控制卷门机下放或收卷帘板(面),并反馈相关信号至消防中控室。控制器如图 5.2.2 所示。

图 5.2.2　某品牌防火卷帘控制器

(4)手动按钮盒。

手动按钮盒是控制器的配套部件,安装在卷帘洞口两侧,用于控制防火卷帘的上升和下降,同时具备停止功能。手动按钮盒底边的距地高度宜为 1.3~1.5 m。手动按钮盒如图 5.2.3 所示。

图 5.2.3　防火卷帘的手动按钮盒

（5）温控释放装置。

温控释放装置是一种温控连锁装置，当温控释放装置的感温元件周围温度达到73±0.5 ℃时，温控释放装置动作，牵引开启卷门机的制动机构，松开刹车盘，防火卷帘依靠自重下降至关闭。温控释放装置具备手动释放功能，可以通过手动方式拉开防火卷帘的电动机制动机构，松开刹车盘，使防火卷帘依靠自重下降至关闭。

2）防火卷帘的操作与控制方式

防火卷帘具有现场手动电控、自动控制、消防控制室远程手动控制、温控释放控制、速放控制、现场机械控制和限位控制等几种主要控制方式。下面介绍前4种。

（1）现场手动电控。

通过手动操作防火卷帘控制器上的按钮或防火卷帘两侧设置的手动控制按钮，以电控方式控制防火卷帘的上升、下降、停止。

（2）自动控制。

①对于疏散通道上设置的防火卷帘，由防火分区内任两只独立的感烟火灾探测器或任一个专门用于联动防火卷帘的感烟火灾探测器的报警信号联动控制防火卷帘下降至距楼板面1.8 m处；由任一个专门用于联动防火卷帘的感温火灾探测器的报警信号联动控制防火卷帘下降到楼板面，在卷帘的任一侧距防火卷帘纵深0.5~5 m内应设置不少于2个专门用于联动防火卷帘的感温火灾探测器。

②对于非疏散通道上设置的防火卷帘，以防火卷帘所在防火分区内任两个独立火灾探测器的报警信号作为防火卷帘下降的联动触发信号，联动控制防火卷帘直接下降到楼板面。

（3）消防控制室远程手动控制。

通过消防控制室消防联动控制器手动控制防火卷帘的降落。

（4）温控释放控制。

当温控释放装置的感温元件周围温度达到73±0.5 ℃时，温控释放装置动作，防火卷帘依靠自重自动下降至全闭。

任务书

1）检查确认各系统处于完好、有效状态

检查各系统是否处于准工作状态、系统各组件是否完好无损、供电是否正常。

2）手动释放防火卷帘

（1）使用专用钥匙解锁防火卷帘手动控制按钮，设有保护罩的应先打开保护罩；将消防联动控制器设置为"手动允许"状态。

（2）按下防火卷帘控制器或防火卷帘两侧设置的手动按钮盒按钮，控制防火卷帘的下降、停止与上升，观察防火卷帘控制器声响、指示灯变化和防火卷帘运行情况。

（3）按下消防控制室联动控制器手动按钮，远程控制防火卷帘下降，观察信号反馈情况。

3)记录检测情况

将检测情况填写在相关记录表上。

实训技能评价标准

本任务实训技能评价表见表5.2.1。

表5.2.1　手动释放防火卷帘任务评分标准

序号	内容	评分标准	配分/分	扣分/分	得分/分
1	现场手动控制防火卷帘	能够按照实训步骤,正确进行现场手动控制防火卷帘	40		
2	消防控制室远程控制防火卷帘	能够按照实训步骤,正确进行消防控制室远程控制防火卷帘	40		
3	记录表的填写	能够准确填写建筑消防设施检测记录表	20		

思考题

(1)查阅相关资料,思考为什么防火卷帘的设置位置不同,其控制方式就不同。

(2)查阅相关资料,阐述机械应急操作防火卷帘的步骤。

任务2.2　保养防火卷帘

实训情境描述

为保障防火卷帘在火灾时能够正常发挥作用,需定期对其进行保养。本次实训任务是基于消防设施操作员的具体工作过程,让学生学习如何保养防火卷帘。

实训目标

通过教学情境,学生能掌握防火卷帘配件的组成及保养方法。

实训工器具

(1)设备:防火卷帘、润滑油、扳手等。

(2)文件:防火卷帘系统图、产品说明书。

(3)耗材:建筑消防设施维护保养记录表、签字笔等。

实训知识储备

1)帘面及导轨的保养内容与方法

(1)查看帘面外观。钢质帘面不应有裂纹、压坑及明显的凹凸、锤痕、毛刺等缺陷;无机纤维复合帘面所选用的纺织物不应有撕裂、缺角、跳线、断线、挖补及色差等缺陷;相对运动件在加工处不应有毛刺。

（2）及时查看并清理防火卷帘的导轨,保持内部清洁,保持导轨运行畅通,帘面在导轨内的运行应平稳顺畅,不应有脱轨和明显的倾斜现象。

（3）双轨双帘防火卷帘的两个帘面应同时升降,帘面应匀速运行,两个帘面之间的高度差不应大于50 mm。若采用多部防火卷帘作防火分隔,应让其同时运行至全闭,形成完全分隔。

（4）防火卷帘的下部不要放置任何障碍物。

2）防火卷帘控制器和手动按钮的维护保养

按照防火卷帘控制器的说明书,编制防火卷帘控制器及手动按钮的维护保养计划。控制器和手动按钮维护保养的主要内容有:

（1）检查防火卷帘控制器内部器件和手动按钮盒,紧固接线端口、螺栓等。

（2）清洁控制箱内、表面和按钮盒上的灰尘污物,防止按钮卡阻而不能反弹。若发现有电线缠绕、打结等现象应及时处理。

（3）检查电气线路是否损坏、运转是否正常,如有损坏或不符合要求时应立即检修。

（4）与火灾自动报警系统联动的防火卷帘控制器要定期进行远程手动启动或联动控制,查看动作反馈信号是否正确。

（5）检查发现故障应及时修复,对损坏或不合格的设备、配件应立即进行更换。修复完毕,应将设备恢复至正常状态。

任务书

1）帘板（面）、导轨的保养

（1）检查导轨间隙是否有异物,若有,应予以清除。

（2）点动"下行"按钮,观察防火卷帘是否向下运行并保持平稳顺畅、无卡阻现象;双扇帘板（面）下降是否同步;帘板（面）下降到地面时是否能自动停止运行,关闭是否严密。

（3）停止后,俯身检查防火卷帘底边是否与地面完全接触,是否存在过度下降的情况。

（4）检查整个帘板（面）是否存在缝隙或破损现象,其组件应齐全完好、紧固件应无松动现象,若发现帘板（面）上有电线缠绕、打结等应及时处理。

（5）对帘板（面）及导轨进行清洁和功能测试。

（6）按下"上行"按钮,观察防火卷帘上升到高位时是否能正常停止运行。

（7）在建筑消防设施维护保养记录表上填写相应维护保养情况。

2）防火卷帘控制器、手动按钮的保养

（1）切断防火卷帘控制器输入电源。

（2）检查防火卷帘控制箱内部器件和手动按钮盒,紧固接线端口、螺钉等。

（3）清洁防火卷帘控制箱内、表面和按钮上的灰尘、污物,防止按钮因卡阻而不能反弹。

（4）保养结束后,接通电源,通过防火卷帘控制器和手动控制按钮控制防火卷帘,查看防

火卷帘动作及信号反馈情况。

(5)在建筑消防设施维护保养记录表上填写相应的维护保养记录。

实训技能评价标准

本任务实训技能评价表见表 5.2.2。

表 5.2.2　保养防火卷帘任务评分标准

序号	内容	评分标准	配分/分	扣分/分	得分/分
1	帘板(面)、导轨的保养	能够按照实训步骤,正确进行帘板(面)、导轨的保养	40		
2	防火卷帘控制器、手动按钮盒的保养	能够按照实训步骤,正确进行防火卷帘控制器、手动按钮盒的保养	40		
3	记录表的填写	能够准确填写建筑消防设施维护保养记录表	20		

思考题

查阅相关资料,思考防火卷帘的常见故障类型及处理方法。

任务 2.3　检测防火卷帘和防火门

实训情境描述

为保障防火卷帘和防火门在火灾时能够正常运行,在日常运行中,需根据设计和规范要求,对防火卷帘和防火门进行检测。本次实训任务是基于消防设施操作员的具体工作过程,让学生学习如何检测防火卷帘和防火门。

实训目标

通过教学情境,学生能掌握防火卷帘、防火门的联动控制功能和手动控制功能的检测方法。

实训工器具

(1)设备:防火卷帘、防火门监控系统、火灾自动报警及联动控制系统、火灾探测器测试工具、手动火灾报警按钮复位工具,钢卷尺、塞尺、测力计等检查工具。

(2)文件:相关系统设计文件、产品说明书。

(3)耗材:建筑消防设施检测记录表、签字笔等。

实训知识储备

详见项目五单元 2 的任务 2.2。

任务书

1)检测防火卷帘

(1)对照施工验收规范及相关产品资料,查看实训室内防火卷帘的型号、规格、数量和安装位置;目测或使用工具检查防火卷帘的安装情况。

(2)检查确认消防联动控制系统处于"自动允许"或"手动允许"状态。

(3)分别采用加烟、加温的方式提供联动触发信号,观察防火卷帘启动和运行情况、防火卷帘控制器有关信息指示变化情况、消防控制室相关控制和信号反馈情况等。对设在疏散通道处的防火卷帘,还应对其"两步降"情况进行测试。

(4)复位火灾自动报警系统。

(5)消防控制室远程操作防火卷帘下降,观察其受控运行情况。

(6)分别使用电控和手动拉链升降防火卷帘,观察操控性能。

(7)分别采用切断卷门机电源和手动速放控制的方式,观察防火卷帘依靠自重下降的情况。

(8)使系统恢复正常运行状态。

(9)记录检查测试情况。

2)检测防火门

(1)对照施工验收规范和设计文件及相关产品资料,查看实训室内防火门的型号、规格、数量和安装位置;目测或使用工具检查防火门的安装情况。

(2)检查并确认消防联动控制系统处于"自动允许"或"手动允许"状态。

(3)使用测力计测试防火门的开启力。

(4)触发防火分区内2个独立火灾探测器或1个火灾探测器和1个手动火灾报警按钮,观察常开式防火门的关闭情况、防火门监控器有关信息指示变化情况、消防控制室相关控制和信号反馈情况等。

(5)复位火灾自动报警系统、防火门监控器和常开式防火门。

(6)分别操作消防控制室启动按键、防火门监控器启动或释放按钮、防火门电磁释放器释放按钮,观察常开式防火门的释放和关闭情况。

(7)使系统恢复正常运行状态。

(8)记录检查测试情况。

实训技能评价标准

本任务实训技能评价表见表5.2.3。

表5.2.3　检测防火卷帘和防火门任务评分标准

序号	内容	评分标准	配分/分	扣分/分	得分/分
1	检测防火卷帘	能够按照实训步骤,正确检查、测试防火卷帘	40		
2	检测防火门	能够按照实训步骤,正确检查、测试防火门	40		
3	记录表的填写	能够准确填写建筑消防设施检测记录表	20		

思考题

查阅相关资料,总结防火卷帘、防火门安装质量要求及检查方法。

单元3　灭火器

任务3.1　维护保养灭火器

实训情境描述

灭火器的维护保养主要是对日常检查中发现的可以自我修理的缺陷进行修复,并对可能影响灭火器的使用的缺陷等因素进行排除,使灭火器保持在完好的工作状态。本次实训任务是基于消防设施操作员的具体工作过程,让学生学习如何维护保养灭火器。

实训目标

通过教学情境,学生能了解灭火器的维护保养要求;能掌握灭火器及其安装配件的清洁保养方法。

实训工器具

(1)设备:吸尘器、压缩空气喷枪等清洁工具、清洁剂。
(2)文件:灭火器设计配置图、产品说明书。
(3)耗材:建筑消防设施维护保养记录表、灭火器保养记录卡和签字笔等。

实训知识储备

1)建筑灭火器的日常管理

建筑灭火器的日常管理包括建筑灭火器的巡查和检查,由建筑(场所)使用管理单位确定专门的技术人员组织实施。建筑(场所)使用管理单位根据生产企业提供的灭火器使用说明书,对本单位的灭火器配置情况开展日常管理,对员工进行灭火器操作使用培训。

(1)灭火器的巡查(表5.3.1)。

表5.3.1　灭火器的巡查

巡查项目	具体说明
巡查内容	灭火器设置点状况,灭火器的数量、外观、灭火器压力指示器以及维修标识等情况
巡查周期	重点单位每天至少巡查一次,其他单位每周至少巡查一次
巡查要求	灭火器设置点符合安装配置图表的要求,设置点及其灭火器箱上有符合规定要求的发光指示标志
	灭火器数量符合配置安装要求,灭火器压力指示器指向绿区
	灭火器外观无明显损伤和缺陷,保险装置的铅封、销闩等组件完好无损
	经维修的灭火器,其维修标识符合规定

(2)灭火器的检查(表5.3.2、表5.3.3)。

表5.3.2　灭火器的检查

检查项目	检查内容
检查周期	对灭火器的配置、外观等的全面检查,每月进行一次
	候车(机、船)室、歌舞娱乐放映游艺等人员密集的公共场所以及堆场、罐区、石油化工装置区、加油站、锅炉房、地下室等场所配置的灭火器,每半月检查一次
检查要求	检查或者维修后的灭火器按照原设置点的位置和配置要求放置
	巡查、检查中发现有灭火器被挪动、缺少零部件、有明显缺陷或者损伤以及灭火器配置场所的使用性质发生变化等情况的,及时按照单位规定程序进行处置
	符合报修条件、达到维修年限的灭火器,及时送修;达到报废条件、报废年限的灭火器,及时报废,不得使用,并采用符合要求的灭火器等效替代

表5.3.3　灭火器检查的内容与要求

检查内容		检查要求
配置检查	灭火器的配置位置	灭火器放置在配置图表规定的设置点的位置
	灭火器的配置方式及其附件性能	灭火器的配置方式符合配置设计要求。手提式灭火器的挂钩、托架能够承受规定的静载荷,无松动、脱落、断裂和明显变形
	灭火器的基本配置要求	灭火器的类型、规格、灭火级别和配置数量符合配置设计要求;灭火器箱未上锁,箱内干燥、清洁;推车式灭火器未出现自行滑动;设置点配置的灭火器铭牌朝外,器头向上
	灭火器的配置场所	灭火器配置场所的使用性质(可燃物种类、物态等)未发生变化;配置场所发生了变化的,对灭火器进行了相应调整;特殊场所及室外配置的灭火器,设有防雨、防晒、防潮、防腐蚀等相应防护措施且完好、有效
	灭火器设置点的环境状况	灭火器设置点周围无障碍物、遮挡、拴系等影响灭火器使用的环境状况
	灭火器的维修与报废	符合规定的报修条件、维修期限的灭火器已进行维修,维修标识符合规定要求;符合报废条件、报废期限的灭火器,已采用符合规定的灭火器等效替代
外观检查	铭牌标志	灭火器铭牌清晰明了,无残缺;其灭火剂、驱动气体的种类、充装压力、总质量、灭火级别、生产企业名称和生产日期、维修日期等标志以及操作说明齐全
	保险装置	保险装置的铅封、销闩等完好、有效、未遗失
	灭火器筒体	灭火器筒体无明显损伤(磕伤、划伤)、缺陷、锈蚀(特别是筒底和焊缝)、泄漏
	喷射软管	喷射软管完好无损,无明显龟裂,喷嘴不堵塞
	压力指示器	储压式灭火器的压力指示器与灭火器类型匹配,压力指示器的指针在绿区范围内;二氧化碳灭火器和储气瓶式灭火器称重符合要求
	其他零部件	其他零部件齐全,无松动、脱落或者损伤
	使用状态	未开启,未喷射使用

2)灭火器的维修与报废

(1)灭火器的送修(表5.3.4)。

表5.3.4 灭火器的送修

送修项目	内容
一般要求	灭火器出厂时,生产企业附送灭火器维修手册,用于指导社会单位的灭火器送修和灭火器维修机构的维修工作
维修手册的主要内容	必要的说明、警告和提示
	灭火器维修机构必须具备的维修条件和维修设备的要求、说明
	灭火器维修说明
	灭火器易损零部件的名称、数量
	关键零部件说明。对装有压力指示器的灭火器,维修手册上须注明其压力指示器不能作为充装压力时的计量器具使用;如用高压气瓶充装作业,维修手册上要强调再充装时必须使用调压阀
报修条件及维修年限	日常管理中,发现灭火器使用达到维修年限,或者灭火器存在机械损伤、明显锈蚀、灭火剂泄漏、被开启使用过、压力指示器指向红区等问题,或者符合其他报修条件的,建筑(场所)使用管理单位应按照规定程序将灭火器送修
	手提式、推车式水基型灭火器出厂期满3年报修,首次维修后每满1年报修
	手提式、推车式干粉灭火器,洁净气体灭火器,二氧化碳灭火器出厂期满5年报修,首次维修后每满2年报修
	送修灭火器时,一次送修数量不得超过配置计算单元所配置的灭火器总数量的1/4。数量超出时,需要选择相同类型、相同操作方法的灭火器替代,且其灭火级别不得小于原配置灭火器的灭火级别
维修标识	每具灭火器维修后,经维修出厂检验合格,维修机构在灭火器筒体或者气瓶上粘贴维修标识,即灭火器维修合格证。建筑(场所)使用管理单位根据维修合格证上的信息对灭火器进行定期送修和报废更换
	维修合格证的形状和内容的编排格式由原灭火器生产企业或者维修机构设计。维修合格证要字迹清晰,其尺寸不得小于30 cm²。维修合格证主要包括下列内容:①维修编号;②总质量;③项目负责人签字;④维修日期;⑤维修机构名称、地址和联系电话等
	维修合格证采用不加热的方法固定在灭火器筒体或者气瓶上,不得覆盖原灭火器生产企业的铭牌标志。当将其从灭火器筒体清除时,该维修标识能自行破损

（2）灭火器的报废与回收处置（表5.3.5）。

表5.3.5　灭火器的报废与回收处置

处置方式		内容
报废条件	列入国家颁布的淘汰目录的灭火器	酸碱型灭火器
		化学泡沫型灭火器
		倒置使用型灭火器
		氯溴甲烷、四氯化碳灭火器
		卤代烷1211灭火器、1301灭火器
		国家政策明令淘汰的其他类型灭火器
	达到报废年限的灭火器	水基型灭火器，出厂期满6年
		干粉灭火器、洁净气体灭火器，出厂期满10年
		二氧化碳灭火器，出厂期满12年
	存在严重损伤、重大缺陷的灭火器	永久性标志模糊，无法识别
		筒体或者气瓶被火烧过
		筒体或者气瓶有严重变形
		筒体或者气瓶外部涂层脱落面积大于筒体或者气瓶总面积的三分之一
		筒体或者气瓶外部表面、连接部位、底座有腐蚀的凹坑
		筒体或者气瓶有锡焊、铜焊或补缀等修补痕迹
		筒体或者气瓶内部有锈屑或内表面有腐蚀的凹坑
		水基型灭火器筒体内部的防腐层失效
		筒体或者气瓶的连接螺纹有损伤
		筒体或者气瓶的水压试验不符合水压试验要求
		灭火器产品不符合消防产品市场准入制度的规定
		灭火器由不合法的维修机构维修过
回收处置		报废灭火器的回收处置按照规定要求，由维修机构向社会提供回收服务，并做好报废处置记录
		经灭火器用户，即送修灭火器的建筑（场所）使用管理单位同意，对报废的灭火器筒体或者气瓶、储气瓶进行消除使用功能处理
		在确认报废的灭火器筒体或者气瓶、储气瓶内部无压力的情况下，采用压扁或者解体等不可修复的方式消除其使用功能，不得采用钻孔或者破坏瓶口螺纹的方式进行报废处置
		报废处置时，对灭火器中的灭火剂按照灭火剂回收处理的要求处理；其余固体废物按照相关环保要求进行回收利用处置
		灭火器报废后，建筑（场所）使用管理单位按照等效替代的原则对灭火器进行更换

续表

处置方式	内容
回收记录	灭火器报废处置后,维修机构要对其报废处置过程及相关信息进行记录
	报废记录的主要内容包括灭火器维修编号,型号、规格,报废理由,用户确认报废的记录,维修人员、检验人员和项目负责人的签字和维修日期,报废处置日期等
	报废记录整理好后,与维修记录一并归档

任务书

1)维护保养灭火器

(1)在设计指定的安装位置,从安装灭火器的配件中或地面上取得灭火器,若发现灭火器缺失应及时将其找回。

(2)对外观检查合格的灭火器除去表面灰尘,若有污垢可用湿布清洗,但不能使用有腐蚀性的化学溶剂。

(3)转动推车式车轮对灭火器进行润滑,必要时加注润滑剂。

(4)检查喷嘴、喷射软管组件、推车式喷枪等零部件的连接螺纹是否松动,若松动应使用专用工具将其旋紧。

(5)检查推车式灭火器筒体(或瓶体)与车架的连接是否松动,若松动应使用专用工具将其加固。

(6)将清洁干净和处理完毕的灭火器返回原设计指定的配置位置,按原设计要求放置,并将灭火器的操作铭牌朝外;推车式灭火器返回放置时应确保其不会自行滑动。

(7)对于因检查发现灭火器存在缺陷,将其送维修而造成灭火器空缺的情况,应及时在原指定位置做好灭火器的替代补充。

(8)对于灭火器缺失且无法找回的情况,应及时在原指定位置按配置规定,添补相同类型的灭火器。

(9)检查安装设置在室外的灭火器防雨和防晒等保护措施,若灭火器保护构件有损坏,应及时进行维修或更换。

(10)检查安装设置在可能超出灭火器使用温度范围的场所的灭火器的保护措施,若其保护构件已损坏,应及时修复或按原设计要求进行更换。

(11)按配置文件检查特殊场所中灭火器的保护措施,若其保护构件已损坏,应及时修复或按原设计要求进行更换。

(12)检查灭火器箱、固定挂钩、固定挂架、落地托架和灭火器周围是否存在障碍物、遮挡物和锁具等影响取用灭火器的现象,若存在应立即将其清除。

2)维护保养灭火器箱

(1)取出箱内灭火器后,用吸尘器清除箱内灰尘并进行干燥处理,用抹布将箱体表面擦洗干净。

（2）按灭火器箱门或翻盖的开启方式开启闭合数次,检查其灵活性,必要时对转动部件加注润滑剂进行润滑。

（3）对箱门和翻盖的开启角度,应使用专用量具进行检查。

（4）对于损坏且不可修复使用的灭火器箱,按原结构尺寸进行更换。

（5）放置在箱内的手提式灭火器,其提把方向应一致向右。

3）在建筑消防设施维护保养记录表上填写维护保养记录

将维护保养情况填写在相关记录表上。

实训技能评价标准

本任务实训技能评价表见表5.3.6。

表5.3.6　维护保养灭火器任务评分标准

序号	内容	评分标准	配分/分	扣分/分	得分/分
1	维护保养灭火器	能够按照实训步骤,正确维护保养灭火器	40		
2	维护保养灭火器箱	能够按照实训步骤,正确维护保养灭火器箱	40		
3	记录表的填写	能够准确填写建筑消防设施维护保养记录表	20		

思考题

（1）查阅相关资料,总结灭火器的适用范围。
（2）查阅相关资料,总结互不相容的灭火剂种类。

单元4　消防电梯

任务4.1　操作消防电梯

实训情境描述

建筑物中的电梯可分为普通电梯和消防电梯,消防电梯是指在建筑物发生火灾时供消防人员进行灭火与救援使用且具有一定功能的电梯。本次实训任务是基于消防设施操作员的具体工作过程,让学生学习如何操作消防电梯。

实训目标

通过教学情境,学生能了解电梯的迫降功能要求、迫降方法和控制逻辑;能掌握紧急迫降按钮的使用方法。

实训工器具

（1）设备：消防电梯、火灾自动报警联动控制系统。

（2）文件：消防电梯系统图、产品说明书。

（3）耗材：建筑消防设施巡查记录表、签字笔等。

实训知识储备

1）火灾时对电梯迫降的要求

（1）普通电梯。火灾时，其迫降要求是将普通电梯返回指定层（一般为首层）并退出正常服务，电梯处于"开门停用"的状态。

（2）消防电梯。为方便火灾时消防人员接近和快速使用消防电梯，其迫降要求是将消防电梯返回指定层（一般为首层）并保持"开门待用"的状态。

2）电梯迫降的方法

电梯迫降的方法主要有紧急迫降按钮迫降、消防控制室远程控制迫降和自动联动控制迫降。

（1）紧急迫降按钮迫降。

①普通电梯：当建筑物未设置火灾自动报警系统时，应在建筑物的管理中心或指定层提供一个电梯手动召回装置（也称"消防开关"）。当装置易于接近时，应设置防误操作保护装置，形式上可为装有可敲碎玻璃面板的拨动开关、按钮或钥匙开关等，设置位置可为安全区域。电梯手动召回装置动作时能产生电信号，使电梯转入迫降程序。

②消防电梯：消防电梯应在消防员入口层（一般为首层）的电梯前室内设置供消防员专用的操作按钮（也称"消防员开关""消防电梯开关"），为防止非火灾情况下的人员误动，通常设有保护装置。该按钮应设置在距消防电梯水平距离 2 m 内、距地面高度 1.8～2.1 m 的墙面上，按钮动作后，消防电梯按预设逻辑转入消防工作状态。消防电梯开关如图 5.4.1 所示。

a）外观

b）安装位置

图 5.4.1　消防电梯开关

(2)消防控制室远程控制迫降。

通过按下消防控制室联动控制器上的控制按钮,电梯按预设逻辑转入迫降或消防工作状态。

(3)自动联动控制迫降。

由火灾自动报警系统确认火灾后,自动联动控制电梯转入迫降或消防工作状态。电梯运行状态信息和停于首层或转换层的反馈信号,应传送给消防控制室显示。

任务书

(1)打开紧急迫降按钮保护罩,根据按钮类型,采取按下或掀动方式启动电梯紧急迫降功能,采用钥匙开关的专用钥匙将开关转至消防工作状态。

(2)观察电梯迫降和开门情况及消防控制室的反馈信息。

(3)测试层站控制和轿厢控制的有效性。

(4)进行紧急迫降按钮、消防控制室复位操作,使电梯恢复正常运行状态。

(5)记录检查操作情况。

实训技能评价标准

本任务实训技能评价表见表5.4.1。

表5.4.1 操作消防电梯任务评分标准

序号	内容	评分标准	配分/分	扣分/分	得分/分
1	消防电梯的迫降操作	能够按照实训步骤,正确进行现场消防电梯迫降操作	50		
2	记录表的填写	能够准确填写建筑消防设施巡查记录表	50		

思考题

查阅相关资料,思考火灾时逃生人员是否可以乘坐消防电梯。

任务4.2 保养消防电梯

实训情境描述

为了保证在火灾情况下消防员可以使用消防电梯到达火场,同时在灭火时消火栓、自动喷水灭火系统等产生的积水不会导致消防电梯失能,日常需对消防电梯进行保养。本次实训任务是基于消防设施操作员的具体工作过程,让学生学习消防电梯保养的要求和方法。

实训目标

通过教学情境,学生能了解消防电梯的性能要求;能掌握消防电梯的保养要求和方法。

实训工器具

(1)设备:消防电梯。
(2)文件:消防电梯系统图、产品说明书。
(3)耗材:建筑消防设施维护保养记录表、签字笔等。

实训知识储备

1)消防电梯的性能要求

消防电梯应符合下列规定:
(1)能每层停靠。
(2)电梯的载重量不应小于800 kg。
(3)电梯从首层至顶层的运行时间不宜大于60 s。
(4)电梯的动力与控制电缆、电线、控制面板应采取防水措施。
(5)在首层的消防电梯入口处应设置供消防队员专用的操作按钮。
(6)电梯轿厢的内部装修应采用不燃材料。
(7)电梯轿厢内部应设置专用消防对讲电话。

2)消防电梯的保养要求与方法

消防电梯应由具有相应资质的电梯服务机构,按照相关技术文件和作业指导书的要求定期保养,具体要求与方法见表5.4.2。

表5.4.2　消防电梯的保养要求与方法

保养项目	保养要求	保养方法
消防电梯迫降按钮	每季度检查消防电梯迫降按钮	(1)修复或更换损坏的按钮保护罩 (2)用专用清洁工具或软布及适当的清洁剂清洁保护罩 (3)每年用压缩空气、毛刷等清除保护罩内部的尘土
专用消防对讲电话	每季度检查专用消防对讲电话	(1)修复或更换损坏的电话 (2)每季度用专用清洁工具或软布及适当的清洁剂清洁电话表面
井底排水装置	每季度检查电梯井底排水装置	(1)修复或更换损坏的排水装置 (2)每季度清通排水管路,并检查排水泵是否正常

任务书

按照表5.4.2的内容对消防电梯进行检查与保养。

实训技能评价标准

本任务实训技能评价表见表5.4.3。

表5.4.3 保养消防电梯任务评分标准

序号	内容	评分标准	配分/分	扣分/分	得分/分
1	消防电梯的保养	能够按照表5.4.2的保养要求,正确进行消防电梯的保养	70		
2	记录表的填写	能够准确填写建筑消防设施维护保养记录表	30		

思考题

查阅相关资料,思考对于超高层建筑,该如何设置消防电梯。

单元5 消防应急广播系统与消防电话系统

任务5.1 使用消防应急广播系统与消防电话系统

实训情境描述

消防应急广播系统是火灾中用于通告火灾报警信息、发出人员疏散语音指示以及在发生其他灾害与突发事件时发布有关指令的广播设备,也是消防联动控制设备的相关设备之一;消防电话系统是用于消防控制室与建/构筑物中各部位,尤其是消防水泵房、防排烟机房等和消防作业有关的场所间通话的电话系统。当发生火灾报警时,它可以提供方便快捷的通信手段。本次实训任务是基于消防设施操作员的具体工作过程,让学生学习如何使用消防应急广播系统与消防电话。

实训目标

通过教学情境,学生能掌握消防应急广播系统的使用方法,掌握消防应急广播设备录制、播放疏散指令,使用话筒广播紧急事项的操作方法以及消防电话的使用方法。

实训工器具

(1)设备:消防应急广播系统、消防电话系统、火灾自动报警系统。
(2)文件:系统图、产品说明书。
(3)耗材:建筑消防设施巡查记录表、签字笔等。

实训知识储备

1）消防应急广播系统的组成与基本功能

（1）消防应急广播系统的组成。

消防应急广播系统主要由消防应急广播主机、功放、分配盘、输出模块、音频线路及扬声器等组成。

发生火灾时，消防控制室的值班人员打开消防应急广播功放的主、备电源开关，通过操作分配盘或消防联动控制器面板上的按钮选择播送范围，利用麦克风或启动播放器对所选择区域进行广播，广播过程中系统可实现自动录音。如图 5.5.1 所示是一种典型的消防应急广播系统设置图。

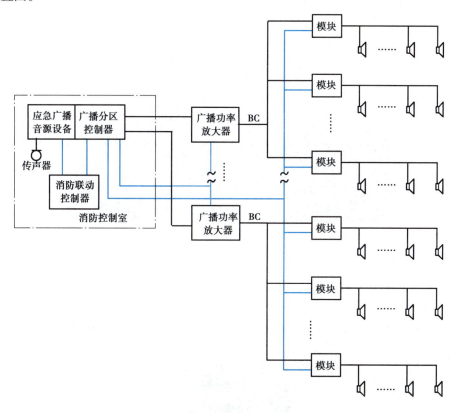

图 5.5.1　典型的消防应急广播系统设置图

（2）消防应急广播系统的基本功能。

①应急广播功能。消防应急广播系统能按预定程序向保护区域广播火灾事故的有关信息，广播语音清晰，距扬声器正前方 3 m 处应急广播的播放声压级不小于 65 dB 且不大于 115 dB。

②故障报警功能。消防应急广播系统发生故障时，能在 100 s 内发出故障声、光信号。

③自检功能。消防应急广播系统能手动检查本机音响器件、面板所有指示灯和显示器的功能。

④电源功能。主电源、备用电源能自动切换。

2)消防电话系统的组成和分类

消防电话系统由消防电话总机、消防电话分机、消防电话插孔、消防电话手柄和专用消防电话线路(本任务中不作详细介绍)组成,分为总线制和多线制两种形式。

(1)消防电话总机。

消防电话总机应设置在消防控制室内,可以组合安装在柜式或琴台式火灾报警控制柜内。消防电话总机具有通话录音、信息记录查询、自检和故障报警功能。消防电话总机应能与所有消防分机电话、电话插孔互相呼叫与通话,并显示每部分机或电话插孔的位置。处于通话状态的消防电话总机能呼叫任意一部及以上消防电话分机,被呼叫的消防电话分机摘机后能自动加入通话。消防电话总机能终止与任意消防电话分机的通话,且不影响与其他消防电话分机的通话。消防电话总机如图 5.5.2 所示。

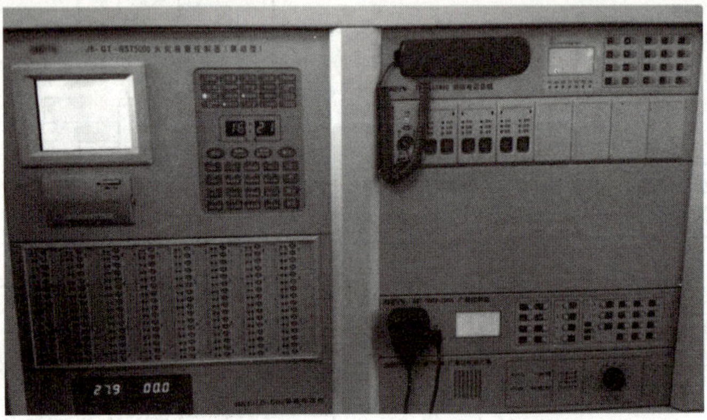

图 5.5.2　安装在琴台式火灾报警控制柜内的消防电话总机

(2)消防电话分机。

消防电话分机本身不具备拨号功能,使用时操作人员将话机手柄拿起即可与消防电话总机通话。通过消防电话分机可迅速实现对火灾的人工确认,并可及时掌握火灾现场情况,便于指挥灭火。消防电话分机通常设置于消防水泵房、风机房等场所。消防电话分机如图 5.5.3 所示。

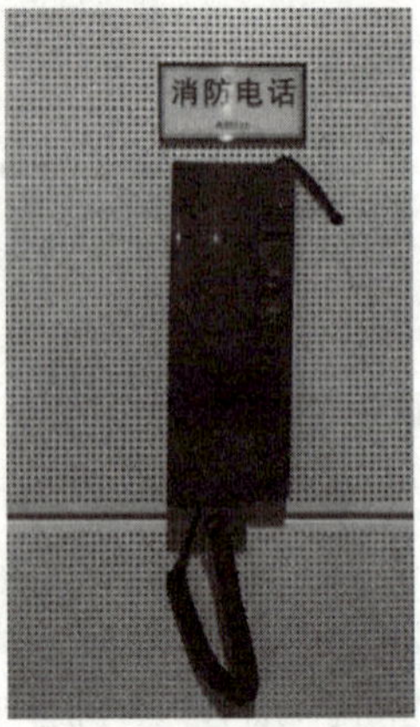

图 5.5.3　消防电话分机

（3）消防电话插孔。

消防电话插孔需要与电话手柄配套使用，实现与消防电话总机通话。手动火灾报警按钮也可带有消防电话插孔。使用时，操作人员将消防电话手柄连接线的插头插入消防电话插孔，便可与消防电话总机进行通话。消防电话插孔如图5.5.4所示。

（4）消防电话手柄。

消防电话手柄为移动便携式电话，通过将其插入电话插孔或手动火灾报警按钮电话插孔，实现与消防电话总机通话。消防电话手柄如图5.5.5所示。

图5.5.4　消防电话插孔　　　　图5.5.5　消防电话手柄

任务书

1）使用消防应急广播系统

（1）接通电源，确保消防应急广播系统处于正常工作状态，主机的绿色工作状态灯常亮。

（2）播放疏散指令。

①按下"应急广播"按键，输入密码，启动应急广播播音模式，消防应急广播系统主机播放预录的应急疏散指令。

②消防应急广播系统主机显示屏显示"应急广播模式"及广播分区，"应急"按键的红色指示灯点亮。

（3）使用话筒广播紧急事项。

①拿起挂在主机上的话筒，按下话筒开关，话筒工作指示灯点亮。

②对着话筒，按所选广播分区进行紧急事项广播，录放盘自动进入语音播报状态，并自行对播报内容进行录音保存。

③松开话筒开关，消防应急广播系统自动返回播音前的状态。

（4）填写建筑消防设施巡查记录表。

2）使用消防电话系统

（1）根据实训室条件，将消防电话总机与至少两部消防电话分机或消防电话插孔连接起来并进行编号，使消防电话总机与所连消防电话分机、消防电话插孔处于正常监视状态。消防电话总机屏幕上显示"系统运行正常"和当前日期、时间,绿色工作指示灯常亮。

(2)消防电话总机呼叫消防电话分机并通话。

①拿起消防电话总机话筒,按下键盘区的编号按键(预先设置),屏幕显示消防电话总机呼叫对应编号的消防电话分机,按键对应的红色指示灯闪亮,对应编号的消防电话分机将振铃,消防电话总机话筒将听到回铃音。

②拿起任意一部消防电话分机话筒,便可与消防电话总机通话,通话时语音应清晰。屏幕显示消防电话总机与对应消防电话分机正在通话中。消防电话总机将对通话自动录音,呼叫时间被记录保存,主机"通话"和"录音"指示灯常亮。

③消防电话分机挂断电话时,可按下其所对应编号的按键,也可按"挂断"键挂断,还可通过将消防电话总机话筒或消防电话分机话筒挂机的方式来挂断通话。通话结束,消防电话系统恢复正常工作状态。

(3)消防电话分机呼叫消防电话总机并通话。

①任意一部消防电话分机摘机后可听到回铃音,消防电话总机屏幕显示呼入对应编号的消防电话分机。消防电话总机发出声、光报警信号,呼叫灯点亮,呼叫时间被记录保存,消防电话分机对应的红色指示灯闪亮。

②取下消防电话总机听筒,待声、光报警停止,即可与消防电话分机通话,通话语音应清晰。此时通话灯亮,消防电话总机对通话自动录音。

③将消防电话分机话筒挂机,挂断通话,消防电话系统恢复正常工作状态。

(4)填写建筑消防设施巡查记录表。

实训技能评价标准

本任务实训技能评价表见表5.5.1。

表5.5.1　使用消防应急广播系统与消防电话任务评分标准

序号	内容	评分标准	配分/分	扣分/分	得分/分
1	使用消防应急广播系统	能够按照实训步骤,正确使用消防应急广播系统	40		
2	使用消防电话系统	能够按照实训步骤,正确使用消防电话系统	40		
3	记录表的填写	能够准确填写建筑消防设施巡查记录表	20		

思考题

查阅相关资料,消防应急广播系统和火灾声光报警器是否可以同时发出警报,说明原因。

任务 5.2　检测消防应急广播系统与消防电话系统

实训情境描述

消防应急广播系统与消防电话系统的检测是保证其使用功能的重要手段。本次实训任务是基于消防设施操作员的具体工作过程,让学生学习如何检测消防应急广播系统与消防电话系统。

实训目标

通过教学情境,学生能掌握消防应急广播系统的检测内容和检测方法、消防电话系统的检测方法。

实训工器具

(1)设备:消防应急广播系统、消防电话系统、火灾自动报警系统。
(2)文件:建筑灭火器设计配置图、产品说明书。
(3)耗材:建筑消防设施检测记录表、签字笔等。

实训知识储备

1)消防应急广播系统的检测内容

消防应急广播系统的主要检测内容:测试扬声器音量、音质;测试卡座的播音、录音功能;测试功率放大器的扩音功能;测试分配盘的选层广播功能;测试合用广播系统的应急强制切换功能;测试主、备扩音机切换功能;通过报警联动,检查合用广播系统的应急强制切换功能、扬声器的播音质量及音量、卡座录音功能、分配盘分区及选层广播功能。

2)消防电话系统的检测内容

消防电话系统的主要检测内容:测试消防电话总机与消防电话分机、消防电话插孔之间的通话质量,消防电话总机的录音功能,拨打"119"的功能。

任务书

1)检测消防应急广播系统

(1)接通电源,使火灾自动报警系统处于正常工作状态且处于自动控制状态。
(2)测试消防应急广播系统的广播功能。
①总线自动控制功能测试:消防联动控制设备可通过总线自动启动消防广播系统设备,进行消防自动广播,设备自动进入应急广播播音方式。
②紧急手动控制功能测试:按下应急广播键,设备自动进入应急广播模式进行播音。
(3)测试消防应急广播系统的联动控制功能。
①通过面板钥匙,将火灾自动报警系统联动控制器的手动启动方式操作权限切换至"允

许"状态,这时"允许"指示灯常亮。

②随机触发同一防火分区的任一火灾报警探测器和任一手动火灾报警按钮,作为相关消防设备的联动触发信号,消防应急广播系统进入应急广播状态。

③同时设置火灾声警报器与消防应急广播时,两者应分时、交替循环播放。观察火灾声警报器单次发出火灾警报的时间宜为 8 ~ 20 s,消防应急广播单次语音播放的时间宜为 10 ~ 30 s。

(4)测试完毕后,将消防应急广播系统恢复至原状。

(5)填写建筑消防设施检测记录表。

2)检测消防电话系统

(1)接通电源,使消防电话系统处于正常工作状态。

(2)测试消防电话总机自检功能。按下面板测试按钮,消防电话总机自动对消防电话分机、消防电话插孔等组件进行检查。

(3)测试消防电话总机的录音功能。将任一消防电话分机摘机,呼叫消防电话总机。消防电话总机应能显示消防电话分机位置,通话时消防电话总机显示通话时间并自动录音,录音键指示灯常亮。

(4)测试消防电话总机的消音功能。使两部消防电话分机呼叫消防电话总机,消防电话总机分别显示发起呼叫的消防电话分机位置和呼叫时间,并发出报警声信号,报警指示灯点亮。按下面板静音键,可消除当前报警声,消音指示灯应点亮。

(5)测试消防电话总机的故障报警功能。使消防电话总机与一个消防电话分机或消防电话插孔间的连接线断线,消防电话总机显示屏显示故障消防电话分机位置和故障发生时间,故障指示灯点亮。

(6)测试消防电话总机的群呼功能。将消防电话总机与至少两部消防电话分机或消防电话插孔连接,使消防电话总机与所连的消防电话分机或消防电话插孔处于正常监视状态。将一部消防电话分机摘机,使消防电话总机与消防电话分机处于通话状态,消防电话总机自动录音,显示呼叫的消防电话分机位置和通话时间。

(7)测试消防电话总机的复位功能。消除消防电话系统故障,将消防电话总机、所有消防电话分机或消防电话插孔挂机,消防电话总机恢复正常运行状态。

(8)模拟报警电话通话。用消防控制室的外线电话与另外一部外线电话模拟报警电话通话,语音应清晰。

(9)填写建筑消防设施检测记录表。

实训技能评价标准

本任务实训技能评价表见表5.5.2。

表 5.5.2　检测消防应急广播系统与消防电话系统任务评分标准

序号	内容	评分标准	配分/分	扣分/分	得分/分
1	检测消防应急广播系统	能够按照实训步骤,正确检测消防应急广播系统	40		
2	检测消防电话系统	能够按照实训步骤,正确检测消防电话系统	40		
3	记录表的填写	能够准确填写建筑消防设施检测记录表	20		

思考题

查阅相关资料,编制消防应急广播系统和消防电话系统检测计划。

参考文献

[1] 中国消防协会. 消防设施操作员（基础知识）[M]. 北京:中国劳动社会保障出版社,2019.

[2] 中国消防协会. 消防设施操作员（初级）[M]. 北京:中国劳动社会保障出版社,2019.

[3] 中国消防协会. 消防设施操作员（中级）[M]. 北京:中国劳动社会保障出版社,2019.

[4] 应急管理部消防救援局. 消防安全技术实务[M]. 北京:中国计划出版社,2021.

[5] 应急管理部消防救援局. 消防安全技术综合能力[M]. 北京:中国计划出版社,2021.

附　录

附录 A　消防控制室值班记录表

序号：_____

火灾报警控制器运行情况							报警、故障部位，原因及处理情况	控制室内其他消防系统运行情况						报警、故障部位，原因及处理情况	值班情况					
正常	故障	火警		故障报警	监管报警	漏报		消防系统及其相关设备名称	控制状态		运行状态				值班员		值班员		值班员	
		火警	误报						自动	手动	正常	故障			时段	—	时段	—	时段	—

火灾报警控制器日检查情况记录	火灾报警控制器型号	检查内容					检查时间	检查人	故障及处理情况
		自检	消音	复位	主电源	备电源			

对发现的问题应及时处理，当场不能处置的要填报建筑消防设施故障维修记录表（见附录 B），将处理记录表序号填入"故障及处理情况"栏。

注1：交接班时，接班人员对火灾报警控制器进行日检查后，如实填写火灾报警控制器日检查情况记录；值班期间按规定时限、异常情况出现时间如实填写运行情况栏内相应内容，填写时，在对应项目栏中打"√"；存在问题或故障的，在"报警、故障部位，原因及处理情况"栏中填写详细信息。

注2：本表为样表，使用单位可根据火灾报警控制器数量、控制室内其他消防系统及相关设备数量、值班时段制表。

消防安全责任人或消防安全管理人（签字）：

附录 B　建筑消防设施故障维修记录表

序号：＿＿＿＿＿＿＿＿＿＿＿

故障情况				故障维修情况						故障排除确认
发现时间	发现人签名	故障部位	故障情况描述	是否停用系统	是否报消防部门备案	安全保护措施	维修时间	维修人员（单位）	维修方法	

注1："故障情况"由值班、巡查、检测、灭火演练时的当事者如实填写。

注2："故障维修情况"中因维修故障需要停用系统的，由单位消防安全责任人在"是否停用系统"栏签字；停用系统超过24 h的，单位消防安全负责人在"是否报消防部门备案"及"安全保护措施"栏如实填写；其他信息由维护人员（单位）如实填写。

注3："故障排除确认"由单位消防安全管理人在确认故障排除后如实填写并签字。

注4：本表为样表，单位可根据建筑消防设施实际情况制表。

附录 C 建筑消防设施巡查记录表

巡查项目	巡查内容	故障部位	巡查情况					
			部位	数量	正常	故障及处理		
						故障描述	当场处理情况	报修情况
消防供配电设施	消防电源主电源、备用电源工作状态							
	发电机启动装置外观及工作状态,发电机燃料储量,储油间环境							
	消防配电房、UPS 电池室、发电机房环境							
	消防设备末端配电箱切换装置工作状态							
火灾自动报警系统	火灾探测器,手动报警按钮,信号输入模块、输出模块外观及运行状态							
	火灾报警控制器、火灾显示盘、CRT 图形显示器运行状况							
	消防联动控制器外观及运行状况							
	火灾报警装置外观							
	建筑消防设施远程监控、信息显示、信息传输装置外观及运行状况							
	系统接地装置外观							
	消防控制室工作环境							
电气火灾监控系统	电气火灾监控探测器的外观及工作状态							
	报警主机外观及运行状态							
可燃气体探测报警系统	可燃气体探测器的外观及工作状态							
	报警主机外观及运行状态							

续表

巡查项目	巡查内容	故障部位	巡查情况					
			部位	数量	正常	故障及处理		
						故障描述	当场处理情况	报修情况
消防供水设施	消防水池、消防水箱外观,液位显示装置外观及运行状况,天然水源水位、水量、水质情况,进户管外观							
	消防水泵及控制柜工作状态							
	稳压泵、增压泵、气压水罐及控制柜工作状态							
	水泵接合器外观、标识							
	系统减压、泄压装置,测试装置,压力表等外观及运行状况							
	管网控制阀门启闭状态							
	泵房照明,排水等工作环境							
消火栓（消防炮）灭火系统	室内消火栓、消防软管卷盘外观及配件完整情况							
	屋顶试验消火栓外观及配件完整情况,压力显示装置外观及状态显示							
	室外消火栓外观、地下消火栓标识、栓井环境							
	消防炮、炮塔、现场火灾探测控制装置、回旋装置等外观及周边环境							
	启泵按钮外观							
自动喷水灭火系统	喷头外观及距周边障碍物或保护对象的距离							
	报警阀组外观、试验阀门状况、排水设施状况,压力显示值							
	充气设备及控制装置、排气设备及控制装置,火灾探测传动及现场手动控制装置外观及运行状况							
	楼层或区域末端试验阀门处压力值及现场环境,系统末端试验装置外观及现场环境							

续表

巡查项目	巡查内容	故障部位	巡查情况					
			部位	数量	正常	故障描述	当场处理情况	报修情况
泡沫灭火系统	泡沫喷头外观及距周边障碍物或保护对象的距离							
	泡沫消火栓、泡沫炮、泡沫产生器、泡沫比例混合器外观							
	泡沫液储罐外观及罐间环境,泡沫液有效期及储存量							
	控制阀门外观、标识,管道外观、标识							
	火灾探测传动控制、现场手动控制装置外观、运行状况							
	泡沫泵及控制柜外观、运行状况							
	冷却水系统							
气体灭火系统	气体灭火控制器外观、工作状态							
	储瓶间环境,气体瓶组或储罐外观,检漏装置外观、运行状况							
	容器阀、选择阀、驱动装置等组件外观							
	紧急启/停按钮外观,喷嘴外观,防护区状况							
	预制灭火装置外观、设置位置,控制装置外观及运行状况							
	放气指示灯及警报器外观							
	低压二氧化碳系统制冷装置、控制装置、安全阀等组件外观、运行状况							
防烟、排烟系统	送风阀外观							
	送风机及控制柜外观、工作状态							
	挡烟垂壁及其控制装置外观及工作状况、排烟阀及其控制装置外观							
	电动排烟窗、自然排烟设施外观							
	排烟机及控制柜外观、工作状况							
	送风、排烟机房环境							

续表

巡查项目	巡查内容	故障部位	巡查情况					
			部位	数量	正常	故障及处理		
						故障描述	当场处理情况	报修情况
应急照明和疏散指示标志	应急灯具外观、工作状态							
	疏散指示标志外观、工作状态							
	集中供电型应急照明灯具、疏散指示标志灯外观、工作状况,集中电源的工作状态							
	字母型应急照明灯具、疏散指示标志灯外观、工作状态							
消防应急广播系统	扬声器外观							
	功放、卡座、分配盘外观及工作状态							
消防专用电话系统	消防电话总机外观、工作状况							
	消防电话分机外观,消防电话插孔外观,插孔电话手柄外观							
防火分隔设施	防火窗外观及固定情况							
	防火门外观及配件完整性,防火门启闭状况及周围环境							
	电动型防火门控制装置外观及工作状态							
	防火卷帘外观及配件完整性,防火卷帘控制装置外观及工作状况							
	防火墙外观、防火阀外观及工作状况							
	防火封堵外观							
消防电梯	紧急按钮外观,轿厢内电话外观							
	电梯井排水设备外观及工作状况							
	消防电梯工作状况							
细水雾灭火系统	灭火控制器工作状态							
	储气瓶和储水瓶(或储水耀)外观,工作环境							

巡查项目	巡查内容	故障部位	巡查情况					
			部位	数量	正常	故障及处理		
						故障描述	当场处理情况	报修情况
细水雾灭火系统	高压泵组、稳压泵外观及工作状态,末端试水装置压力值(闭式系统)							
	紧急启/停按钮、释放指示灯、报警器、喷头、分区控制阀等组件外观							
	防护区状况							
干粉灭火系统	灭火控制器工作状态							
	设备储存间环境、驱动气瓶和灭火剂储存装置外观							
	选择阀、驱动装置等组件外观							
	紧急启/停按钮、放气指示灯、报警器、喷嘴外观							
	防护区状况							
灭火器	灭火器外观							
	灭火器数量							
	灭火器压力表、维修标识							
	设置位置状况							
其他巡查内容	消防车道、疏散楼梯、疏散走道的畅通情况,逃生自救设施配置及完好情况,消防安全标识使用情况,用火用电管理情况等							
巡查人(签名)						年　　月　　日		

续表

巡查项目	巡查内容	故障部位	巡查情况					
						故障及处理		
			部位	数量	正常	故障描述	当场处理情况	报修情况
消防安全责任人或消防安全管理人（签名）								
							年　　月　　日	
备注								

对发现的问题和故障应及时处理,当场不能处置的要填报建筑消防设施故障维修记录表(见附录 B)。

注1:情况正常的,在"正常"栏中打"√";存在问题或故障的,在"故障及处理"栏中填写相应内容。

注2:本表为样表,单位可根据建筑消防设施实际情况和巡查时间段,分系统、分部位制表。

附录 D　建筑消防设施检测记录表

检测项目		检测内容	实测记录	故障及处理		
				故障描述	当场处理情况	报修情况
消防供电配电	消防配电柜(箱)	试验主、备电源切换功能;消防电源主、备电源供电能力测试				
	自备发电机组	试验发电机自动、手动启动功能,试验发电机启动电源充、放电功能				
	应急电源	试验应急电源充、放电功能				
	储油设施	核对储油量				
	联动试验	试验非消防电源的联动切断功能				
火灾自动报警系统	火灾探测器	试验报警功能				
	手动报警按钮	试验报警功能				
	监管装置	试验监管装置报警功能,屏蔽信息显示功能				
	警报装置	试验警报功能				
	报警控制器	试验火警报警、故障报警、火警优先、打印机打印、自检、消音等功能,火灾显示盘和 CRT 显示器的报警、显示功能				
	消防联动控制器	试验联动控制器及控制模块的手动、自动联动控制功能;试验控制器显示功能;试验电源部分主、备电源切换功能,备用电源充、放电功能				
	远程监控系统	试验信息传输装置显示、传输功能;试验监控主机信息显示、告警受理、派单、接单、远程开锁等功能;试验电源部分主、备电源切换,备用电源充、放电功能				

续表

检测项目		检测内容	实测记录	故障及处理		
				故障描述	当场处理情况	报修情况
消防供水设施	消防水池	核对储水量、自动进水阀进水功能,液位检测装置报警功能				
	消防水箱	核对储水量,自动进水阀进水功能,模拟消防水箱出水,测试消防水箱供水能力、液位检测装置报警功能				
	稳(增)压泵及气压水罐	模拟系统渗漏,测试稳压泵、增压泵及气压水罐稳压、增压能力,自动启泵、停泵及联动启动主泵的压力工况,主、备泵切换功能				
	消防水泵及控制柜	试验手动/自动启泵功能和主、备泵切换功能,利用测试装置测试消防水泵供水时的流量和压力				
	水泵接合器	利用消防车或机动泵测试其供水能力				
	控制阀门	试验控制阀门启闭功能、减压装置减压功能				
消火栓(消防炮)灭火系统	室内消火栓	试验屋顶消火栓出水压力、静压及水质,测试室内消火栓静压				
	消防水喉	射水试验				
	室外消火栓	试验室外消火栓出水及静压				
	消防炮	试验消防炮手动、遥控操作功能,试验手动按钮启动功能,消防炮出水功能				
	启泵按钮	试验远距离启泵功能及信号指示功能				
	联动控制功能	自动方式下,分别利用远距离启泵按钮、消防联动控制盘控制按钮启动消防水泵,测试最不利点消火栓、消防炮出水压力及流量;具有火灾探测控制功能的消防炮系统,应模拟自动启动				

续表

检测项目		检测内容	实测记录	故障及处理		
				故障描述	当场处理情况	报修情况
自动喷水灭火系统	报警阀组	试验报警阀组试验排放阀排水功能,压力开关、水力警铃报警功能				
	末端试水装置	试验末端放水测试工作压力,水流指示器、压力开关动作信号,水质情况,楼层末端试验阀功能				
	水流指示器	核对反馈信号				
	探测、控制装置	测试火灾探测传动装置的火灾探测及控制功能、手动控制装置的控制功能				
	充、排气装置	在系统末端放水或排气,进行系统联动功能试验,测试水流指示器、压力开关、水力警铃报警功能;具有火灾探测传动控制功能的应模拟系统自动启动				
泡沫灭火系统	泡沫液储罐	核对泡沫液有效期和储存量				
	泡沫栓、泡沫喷头、泡沫产生器	试验出水或出泡沫功能				
	泡沫泵	手动/自动启动及主、备泵切换功能,阀门启闭功能及信号反馈功能				
	联动控制功能	具有火灾探测传动控制装置的泡沫灭火系统,应结合泡沫灭火剂到期更换进行系统自动启动,测试泡沫消火栓、泡沫喷头、泡沫产生器出泡沫功能,泡沫比例混合器混合配比功能,泡沫泵、水泵供泡沫液、供水能力				
	自吸液泡沫消火栓、移动泡沫产生装置、喷淋冷却系统	测试吸液出泡沫功能;喷淋冷却系统检测内容参见自动喷水灭火系统检测				

续表

检测项目		检测内容	实测记录	故障及处理		
				故障描述	当场处理情况	报修情况
气体灭火系统	瓶组与储罐	核对灭火剂储存量,主、备用瓶组切换试验				
	检漏装置	测试称重、检漏报警功能				
	紧急启/停功能	测试紧急启/停按钮的紧急功能				
	启动装置、选择阀	测试启动装置、选择阀手动启动功能				
	联动控制功能	以自动方式进行模拟喷气试验,检验系统报警、联动功能				
	通风换气设备	测试通风换气功能				
	备用瓶切换	测试主、备用瓶组切换功能				
机械加压送风系统	送风口	测试手动/自动开启功能				
	送风机	测试手动/自动启动、停止功能				
	送风量、风速、风压	测试最大负荷状态下,系统送风量、风速、风压				
	联动控制功能	通过报警联动,检查防火阀、送风自动启动功能				
机械排烟系统	自然排烟设施	测试自然排烟窗的开启面积、开启方式				
	排烟阀、电动排烟窗、电动挡烟垂壁、排烟防火阀	测试排烟阀、电动排烟窗手动/自动开启功能,测试电动挡烟垂壁的释放功能,测试排烟防火阀的动作性能				
	排烟风机	测试手动/自动启动、排烟防火阀联动停止功能				
	排烟风量、风速	测试最大负荷状态下,系统排烟风量、风速				
	联动控制功能	通过报警联动,检查电动挡烟垂壁、电动排烟阀、电动排烟窗的功能,检查排烟风机的性能				

续表

检测项目		检测内容	实测记录	故障及处理		
				故障描述	当场处理情况	报修情况
应急照明系统		切断正常供电,测量应急灯具照度、电源切换、充电、放电功能;测试应急电源供电时间;通过报警联动,检查应急灯具自动投入功能				
应急广播系统	扬声器	测试音量、音质				
	功放、卡座、分配盘	测试卡座的播音、录音功能;测试功放的扩音功能;测试分配盘的选层广播功能;测试合用广播系统应急强制切换功能;测试主、备扩音机切换功能				
	联动控制功能	通过报警联动,检查合用广播系统应急强制切换功能,扬声器播音质量及音量、卡座录音功能,分配盘分区及选层广播功能				
消防专用电话		测试消防电话总机与消防电话分机、插孔电话之间的通话质量;消防电话总机录音功能;拨打"119"功能				
防火分隔设施	防火门	试验非电动防火门的启闭功能及密封性能;测试电动防火门自动、现场释放功能及信号反馈功能;通过报警联动,检查电动防火门释放功能、喷水冷却装置的联动启动功能				
	防火卷帘	试验防火卷帘的手动、机械应急和自动控制功能、信号反馈功能、封闭性能;通过报警联动,检查防火卷帘自动释放功能及喷水冷却装置的联动启动功能;测试有延时功能的防火卷帘的延时时间、声光指示				
	电动防火阀	通过报警联动,检查电动防火阀的关闭功能及密封性				

续表

检测项目	检测内容	实测记录	故障及处理		
			故障描述	当场处理情况	报修情况
消防电梯	测试首层按钮控制电梯回首层功能,消防电梯应急操作功能、电梯轿厢内消防电话通话质量、电梯井排水设备排水功能;通过报警联动,检查电梯自动迫降功能				
细水雾灭火系统	测试储瓶式细水雾灭火系统启动装置的启动性能、减压装置减压性能、喷头喷雾性能				
	测试泵式细水雾灭火系统手动/自动启、停泵功能;主、备泵切换功能,喷头喷雾性能				
	测试分区控制阀的手动/自动控制功能;具有火灾探测控制系统的,应模拟自动控制功能				
	通过报警联动,检验开式细水雾灭火系统联动控制功能,进行模拟喷放细水雾试验				
	通过末端放水,测试闭式细水雾灭火系统联动功能,测试水流指示器报警功能、压力开关报警功能				
干粉灭火系统	测试驱动气瓶压力和干粉储存量;通过报警联动,模拟干粉喷放试验,检验系统功能				
灭火器	核对选型、压力和有效期,对同批次的灭火器随机抽取一定数量进行灭火、喷射等性能试验				
其他设施	逃生自救设施性能				

续表

检测项目	检测内容	实测记录	故障及处理		
			故障描述	当场处理情况	报修情况
检测人(签名)： 等级证书编号： 年　　月　　日			检测结论： 检测单位(盖章)： 年　　月　　日		
消防安全责任人或消防安全管理人(签名)： 年　　月　　日					

　　检测项目应满足设计资料、国家工程建设消防技术规范等的要求。对发现的问题应及时处理；当场不能处置的要填报建筑消防设施故障维修记录表(见附录 B)。

　　注 1：存在问题或故障的，在"故障及处理"栏中填写相应内容。

　　注 2：本表为样表，单位可根据建筑消防设施实际情况分系统制表，参与系统检测的人员均应在"检测人"一栏如实填写个人基本信息。

附录 E 建筑消防设施维护保养表

建筑消防设施维护保养计划表见表 E1,建筑消防设施维护保养记录表见表 E2。

表 E1 建筑消防设施维护保养计划表

序号:＿＿＿＿＿＿＿＿　日期:＿＿＿＿＿＿＿＿

序号	检查保养项目		保养内容	周期
1	消防水泵	外观清洁	擦洗,除污	1 个月
		泵中心轴	长期不用时,定期盘动	半个月
		主回路控制回路	测试、检查、紧固	半年
		水泵	检查或更换盘根填料	半年
		机械润滑	加 0 号黄油	3 个月
2	管道		补漏、除锈、刷漆	半年
	阀门		加或更换盘根,补漏、除锈、刷漆、润滑	半年

消防泵、喷淋泵、送风机、排烟机应定期试验。

注 1:保养内容、周期可根据设施设备使用说明书、国家有关标准、安装场所环境等综合确定。

注 2:本表为样表,单位可根据建筑消防设施的类别分别制表,如消火栓系统维护保养计划表、自动喷水灭火系统维护保养计划表、气体灭火系统维护保养计划表等。

消防安全责任人或消防安全管理人(签字):　　　　制订人:　　　审核人:

表 E2　建筑消防设施维护保养记录表

设备名称	消防泵	设备参数	
		额定功率	
保养项目	保养完成情况		
擦洗,除污			
长期不用时,定期盘动			
测试、检查、紧固			
检查或更换盘根填料			
加 0 号黄油			
备注:			
保养作业完成后,保养人员或单位应如实填写保养完成情况,并做相应功能试验,遇故障应及时填写建筑消防设施故障维修记录表(见附录 B)。 　　注:本表为样表,单位可根据制订的建筑消防设施维护保养计划表确定的保养内容分别制表。			

消防安全责任人或消防安全管理人(签字):　　　　　　　　保养人:　　　　　审核人: